中华人民共和国水利部

水利工程设计概（估）算编制规定

工程部分

水利部水利建设经济定额站　主编

U0364852

中国水利水电出版社
www.waterpub.com.cn
·北京·

图书在版编目（CIP）数据

水利工程设计概（估）算编制规定. 工程部分 / 水
利部水利建设经济定额站主编. -- 北京：中国水利水电
出版社, 2025. 3（2025.4重印）. -- ISBN 978-7-5226-3320-6

Ⅰ. TV512

中国国家版本馆CIP数据核字第20258LD021号

书　　名	**水利工程设计概（估）算编制规定　工程部分** SHUILI GONGCHENG SHEJI GAI (GU) SUAN BIANZHI GUIDING　GONGCHENG BUFEN
作　　者	水利部水利建设经济定额站　主编
出版发行	中国水利水电出版社 （北京市海淀区玉渊潭南路1号D座　100038） 网址：www. waterpub. com. cn E - mail：sales@mwr. gov. cn 电话：（010）68545888（营销中心）
经　　售	北京科水图书销售有限公司 电话：（010）68545874、63202643 全国各地新华书店和相关出版物销售网点
排　　版	中国水利水电出版社微机排版中心
印　　刷	天津嘉恒印务有限公司
规　　格	140mm×203mm　32开本　7.875印张　198千字
版　　次	2025年3月第1版　2025年4月第2次印刷
印　　数	10001—13000册
定　　价	80.00元

水 利 部 文 件

水总〔2024〕323号

水利部关于发布《水利工程设计概（估）算编制规定》及水利工程系列定额的通知

部直属各单位，各省、自治区、直辖市水利（水务）厅（局），各计划单列市水利（水务）局，新疆生产建设兵团水利局：

为进一步加强水利工程造价管理，完善定额体系，合理确定和有效控制工程投资，提高投资效益，支撑水利高质量发展，水利部水利建设经济定额站组织编制完成《水利工程设计概（估）算编制规定》及水利工程系列定额，已经我部审查批准，经商国家发展改革委，现予以发布，自2025年4月1日起执行。

本次发布的《水利工程设计概（估）算编制规定》包括工程部分概（估）算编制规定、环境保护工程概（估）算编制规定、水土保持工程概（估）算编制规定；

水利工程系列定额包括《水利建筑工程预算定额》《水利建筑工程概算定额》《水利设备安装工程预算定额》《水利设备安装工程概算定额》《水土保持工程概算定额》和《水利工程施工机械台时费定额》。

《中小型水利水电设备安装工程预算定额》《中小型水利水电设备安装工程概算定额》（水建〔1993〕63号）、《水利水电设备安装工程预算定额》《水利水电设备安装工程概算定额》（水建管〔1999〕523号）、《水利建筑工程预算定额》《水利建筑工程概算定额》《水利工程施工机械台时费定额》（水总〔2002〕116号）、《开发建设项目水土保持工程概（估）算编制规定》《水土保持生态建设工程概（估）算编制规定》《水土保持工程概算定额》（水总〔2003〕67号）、《水利工程概预算补充定额》（水总〔2005〕389号）、《水利水电工程环境保护概估算编制规程》（SL 359—2006）、《水利工程概预算补充定额（掘进机施工隧洞工程）》（水总〔2007〕118号）、《水利工程设计概（估）算编制规定（工程部分）》（水总〔2014〕429号）、《水利工程营业税改征增值税计价依据调整办法》（办水总〔2016〕132号）、《水利部办公厅关于调整水利工程计价依据增值税计算标准的通知》（办财务函〔2019〕448号）、《水利部办公厅关于调整水利工程计价依据安全生产措施费计算标准的通知》（办水总函〔2023〕38号）同时废止。

本次发布的概（估）算编制规定和系列定额由水利部水利建设经济定额站负责解释。在执行过程中如有问题请及时函告水利部水利建设经济定额站。

　　附件：1.《水利工程设计概（估）算编制规定》（工
　　　　　　程部分）
　　　　　2.《水利工程设计概（估）算编制规定》（环
　　　　　　境保护工程）
　　　　　3.《水利工程设计概（估）算编制规定》（水
　　　　　　土保持工程）
　　　　　4.《水利建筑工程预算定额》
　　　　　5.《水利建筑工程概算定额》
　　　　　6.《水利设备安装工程预算定额》
　　　　　7.《水利设备安装工程概算定额》
　　　　　8.《水土保持工程概算定额》
　　　　　9.《水利工程施工机械台时费定额》

　　　　　　　　　中华人民共和国水利部
　　　　　　　　　2024 年 12 月 9 日

目　　录

总　　则

一、为适应社会主义市场经济发展和水利工程基本建设投资管理的需要，提高概（估）算编制质量，合理确定工程投资，根据《建筑安装工程费用项目组成》（住房和城乡建设部、财政部建标〔2013〕44号）等国家相关政策文件，结合水利工程特点，在《水利工程设计概（估）算编制规定（工程部分）》（水总〔2014〕429号）、《水利工程营业税改征增值税计价依据调整办法（工程部分）》（办水总〔2016〕132号）等文件基础上，修订形成本规定。

二、本规定适用于大型水利工程、中央直属水利工程建设项目，其他水利项目可以参照执行。

三、本规定适用于项目建议书、可行性研究报告、初步设计等阶段，是编制和审批水利工程设计概（估）算的依据，是对水利工程投资实行静态控制、动态管理的基础。编制工程规划的项目，本规定是编制和审批投资匡算的依据。

建设实施阶段，本规定是编制最高投标限价或标底的参考标准。施工企业编制投标报价文件时，应当根据项目特点，结合企业管理水平和市场情况，自行确定相关费用标准。

四、工程设计概（估）算应当按编制期的价格水平及相关政策进行编制。

五、工程设计概（估）算应当由设计单位、工程咨询单位或造价咨询单位编制。设计概（估）算文件应当履行审核程序，由一级水利造价工程师按照规定审核、签字并加盖执业印章。

六、本规定由水利部水利建设经济定额站负责管理与解释。

一 设计概算

第一章 工程分类、概算组成及编制依据

第一节 工程分类和概算组成

（1）水利工程分类。本规定将水利工程按工程性质划分为枢纽工程、引水工程、河道工程三大类，如图1-1所示。

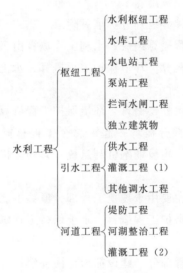

图1-1 水利工程分类

枢纽工程包括单独立项的水利枢纽工程、水库工程、水电站工程、泵站工程、拦河水闸工程，以及引水工程、河道工程中主

要建筑物级别为 1 级或 2 级的水源水库、水源枢纽、调蓄水库、泵站、其他重要控制性建筑物等独立建筑物。

引水工程包括供水工程、灌溉工程（1）、其他调水工程。灌溉工程（1）指灌溉工程中设计流量≥5m³/s 的骨干工程。

河道工程包括堤防工程、河湖整治工程、灌溉工程（2）。灌溉工程（2）指灌溉工程中设计流量＜5m³/s 的骨干工程和田间工程。

按照确定的工程类别，分别采用本规定的枢纽工程、引水工程、河道工程相关编制规定。其中，灌溉工程（2）中隧洞、渡槽等建筑物较多的骨干工程适用引水工程的相关编制规定，采用引水工程下限费用标准。

水利水电工程等级划分标准见附录 1。

（2）水利工程概算组成。水利工程概算由工程部分概算、建设征地移民补偿概算、环境保护工程概算、水土保持工程概算等组成，如图 1-2 所示。

建设征地移民补偿概算、环境保护工程概算、水土保持工程概算应当与工程部分概算一起汇总至工程总概算（设计概算），其中价差预备费、建设期融资利息统一计列。格式见第五章中概算表格相关内容。

（3）本规定主要用于规范工程部分概算编制，建设征地移民补偿概算、环境保护工程概算、水土保持工程概算应当分别执行相应的编制规定。

（4）汇总工程部分、建设征地移民补偿、环境保护工程、水土保持工程四部分概算的项目投资，形成水利工程建设项目概算总投资。投资组成如图 1-3 所示。

```
                                   ┌─ 建筑工程
                                   │
                                   ├─ 机电设备及安装工程
                                   │
                                   ├─ 金属结构设备及安装工程
                                   │
                        工程部分概算 ┤─ 输水管线设备及安装工程
                                   │
                                   ├─ 施工临时工程
                                   │
                                   ├─ 独立费用
                                   │
                                   └─ 基本预备费

                                   ┌─ 农村部分补偿
                                   │
                                   ├─ 城（集）镇部分补偿
                                   │
                                   ├─ 工业企业补偿
                                   │
                                   ├─ 专业项目补偿
                                   │
                 建设征地移民补偿概算 ┤─ 防护工程
                                   │
                                   ├─ 库底清理
                                   │
                                   ├─ 其他费用
                                   │
                                   ├─ 基本预备费
                                   │
                                   └─ 有关税费

  水利工程概算 ┤                      ┌─ 环境保护措施
                                   │
                        环境保护工程概算┤─ 独立费用
                                   │
                                   ├─ 基本预备费
                                   │
                                   └─ 环境影响补偿费

                                   ┌─ 工程措施
                                   │
                                   ├─ 植物措施
                                   │
                                   ├─ 监测措施
                                   │
                        水土保持工程概算┤─ 施工临时工程
                                   │
                                   ├─ 独立费用
                                   │
                                   ├─ 基本预备费
                                   │
                                   └─ 水土保持补偿费

            价差预备费

            建设期融资利息
```

图 1-2　水利工程概算组成

```
                                ┌ 建筑工程投资
                                │ 机电设备及安装工程投资
                                │ 金属结构设备及安装工程投资
                  工程部分投资 ┤ 输水管线设备及安装工程投资
                                │ 施工临时工程投资
                                │ 独立费用
                                └ 基本预备费

                                ┌ 农村部分补偿费
                                │ 城（集）镇部分补偿费
                                │ 工业企业补偿费
                                │ 专业项目补偿费
              建设征地移民补偿投资┤ 防护工程费
                                │ 库底清理费
                                │ 其他费用
                                │ 基本预备费
                                └ 有关税费

  水利工程总投资 ┤              ┌ 环境保护措施投资
                  环境保护工程投资┤ 独立费用
                                │ 基本预备费
                                └ 环境影响补偿费

                                ┌ 工程措施投资
                                │ 植物措施投资
                                │ 监测措施投资
                  水土保持工程投资┤ 施工临时工程投资
                                │ 独立费用
                                │ 基本预备费
                                └ 水土保持补偿费

                  价差预备费
                  建设期融资利息
```

图 1-3　水利工程建设项目概算总投资组成

第二节　概算文件编制依据

（1）国家及省、自治区、直辖市颁发的有关法律、法规、规章、规范性文件、技术标准。

（2）水利工程设计概（估）算编制规定（工程部分）。

（3）水利行业主管部门颁发的概算定额和有关行业主管部门颁发的定额。

（4）初步设计文件及图纸。包括依据《水利水电工程设计工程量计算规定》编制的设计工程量成果报告。

（5）确定人工、材料、设备等价格和相关费用所依据的文件、价格信息、询价报价资料、合同协议等。

（6）其他。

第三节　概算文件编制一般要求

（1）概算工程量应当与设计工程量成果报告一致。

（2）概算建筑和安装工程单价应当依据工程设计（含永久和临时建筑物设计、设备和管道设计、施工组织设计）确定的特征参数编制。

（3）依据相关行业编制规定和定额编制的专项工程概算，相应投资可以计列在工程部分概算的基本预备费之后、静态投资之前。一般不在工程部分、建设征地移民补偿、环境保护工程、水土保持工程四部分概算之外单独计列专项工程投资。

第二章 项目组成和项目划分

第一节 项目组成

按照工程部分概算组成，分别规定建筑工程、机电设备及安装工程、金属结构设备及安装工程、输水管线设备及安装工程、施工临时工程、独立费用等六部分概算的项目组成主要内容。

第一部分 建 筑 工 程

一、枢纽工程

指水利枢纽工程、水库工程、水电站工程、泵站工程、拦河水闸工程、独立建筑物的建筑工程。包括挡水工程、泄水工程、引水工程、发电厂（泵站）工程、升压变电站工程、通航工程、过鱼工程、边坡工程、交通工程、房屋建筑工程、供电设施工程、数字孪生设施工程和其他建筑工程。其中交通工程之前的项目为主体建筑工程。

（1）挡水工程。包括挡水的各类坝（闸）、库岸防渗等建筑物工程。

（2）泄水工程。包括溢洪道、泄水洞、泄水闸、冲沙洞（孔）、放空洞、生态放水管、消能防冲设施等建筑物工程。

（3）引水工程。包括发电厂（泵站）进水口、引水明渠、隧洞、高压管道、调压井等建筑物工程，以及供水灌溉工程的首部独立取水口等建筑物工程。

（4）发电厂（泵站）工程。包括地面、地下各类发电厂（泵站）工程。

（5）升压变电站工程。包括升压变电站、开关站等工程。

（6）通航工程。包括船闸、升船机、上下游引航道（含靠船墩）、锚地等工程。

（7）过鱼工程。包括鱼道、升鱼机和集运鱼系统设施等工程。

（8）边坡工程。包括开挖边坡、崩塌边坡、滑坡体等边坡处理工程。

（9）交通工程。包括生产运行需要建设的上坝、进厂、对外等场内外永久公路、桥梁、交通隧洞，以及铁路、码头等工程。

（10）房屋建筑工程。包括为生产运行服务的永久性辅助生产用房、办公用房、值班宿舍及文化福利建筑等房屋建筑工程和室外工程。

（11）供电设施工程。指工程生产运行供电线路及变配电设施工程。

（12）数字孪生设施工程。包括雨水情监测预报设施、工程安全监测设施、通信网络设施、信息基础环境设施等。

（13）其他建筑工程。包括照明线路，厂坝（水闸、泵站）区供水、供热、排水等公用设施工程，劳动安全与工业卫生设施，工程管理安防设施，管理区绿化措施，水文化设施及其他。

二、引水工程

指供水工程、灌溉工程（1）、其他调水工程的建筑工程。包括渠道工程、输水管线工程、建筑物工程、交叉工程、交通工程、房屋建筑工程、供电设施工程、数字孪生设施工程和其他建筑工程。其中交通工程之前的项目为主体建筑工程。

（1）渠道工程。包括明渠工程及渠道附属小型建筑物等。

（2）输水管线工程。包括管线工程及管线附属小型建筑物等。

（3）建筑物工程。指输水线路上具有取水、输水、控制、分水配水、退水、检修、调蓄、调压、稳流加压、消能等功能的渠系建筑物，包括取水口、泵站、水闸、渡槽、隧洞、箱涵、暗渠、埋置式或桥式倒虹吸、中小型调蓄水库、消能电站、跌水、陡坡、调压塔（井、室）、高位水池、保水堰、管桥等工程。

建筑物类别根据工程设计确定。工程规模较大的建筑物（如长隧洞）可以按一级项目列示。

（4）交叉工程。指输水线路与公路、铁路、水运、石油、市政、水利等专业设施交叉时，为保证专业功能需要建设的专业工程或防护加固工程，包括公路桥、铁路桥、排洪槽（涵）等交叉建筑物工程，专业设施防护加固工程，以及排洪（排水、导流）沟（渠）等工程，不包括计入征地补偿项目、环境影响项目的专业工程。

（5）交通工程。指永久性对外公路、运行管理道路等工程。

（6）房屋建筑工程。包括为生产运行服务的永久性辅助生产用房、办公用房、值班宿舍及文化福利建筑等房屋建筑工程和室外工程。

（7）供电设施工程。指工程生产运行供电线路及变配电设施工程。

（8）数字孪生设施工程。包括雨水情监测预报设施、工程安全监测设施、通信网络设施、信息基础环境设施等。

（9）其他建筑工程。包括照明线路，厂坝（水闸、泵站）区供水、供热、排水等公用设施工程，劳动安全与工业卫生设施，工程管理安防设施，管理区绿化措施，水文化设施及其他。

三、河道工程

指堤防工程、河湖整治工程、灌溉工程（2）的建筑工程。包括堤防与河湖整治工程、渠道工程、输水管线工程、建筑物工程、交叉工程、交通工程、房屋建筑工程、供电设施工程、数字孪生设施工程和其他建筑工程。其中交通工程之前的项目为主体建筑工程。

（1）堤防与河湖整治工程。包括堤防工程、河道（湖泊）整治工程、清淤疏浚工程等。

（2）渠道工程。包括灌溉工程的明渠、排水沟（渠）工程、渠道附属小型建筑物等。

（3）输水管线工程。包括灌溉工程的输水管线工程、管线附属小型建筑物等。

（4）建筑物工程。包括水闸、泵站工程等。

（5）交叉工程。

（6）交通工程。指永久性对外公路、运行管理道路等工程。

（7）房屋建筑工程。包括为生产运行服务的永久性辅助生产用房、办公用房、值班宿舍及文化福利建筑等房屋建筑工程和室外工程。

（8）供电设施工程。指工程生产运行供电线路及变配电设施工程。

（9）数字孪生设施工程。包括雨水情监测预报设施、工程安全监测设施、通信网络设施、信息基础环境设施等工程。

（10）其他建筑工程。包括照明线路，厂坝（水闸、泵站）区供水、供热、排水等公用设施工程，劳动安全与工业卫生设施，工程管理安防设施，管理区绿化措施，水文化设施及其他。

田间工程包括渠道、机井、灌溉塘坝、田间土地平整等工程。

第二部分　机电设备及安装工程

一、枢纽工程

指构成枢纽工程固定资产的全部机电设备及安装工程。包括发电设备及安装工程、升压变电设备及安装工程、数字孪生设备及安装工程和公用设备及安装工程。大型泵站和大型拦河水闸的机电设备及安装工程的项目组成参考引水工程及河道工程。

（1）发电设备及安装工程。包括水轮机、发电机、主阀、起重机、水力机械辅助设备、电气设备等设备及安装工程。

（2）升压变电设备及安装工程。包括主变压器、高压电气设备、一次拉线等设备及安装工程。

（3）数字孪生设备及安装工程。包括雨水情监测预报设备、工程安全监测设备、运行视频监视设备、通信网络设备、自动化控制系统、信息基础环境设备、数字孪生平台、网络安全和数据安全系统、工程管理业务应用系统等设备及安装工程。

（4）公用设备及安装工程。包括供电设备、通风采暖设备、机修设备、全厂接地及保护网，电梯，厂坝区供水、排水、供热设备，消防设备，劳动安全与工业卫生设备，交通工具等设备及安装工程。

二、引水工程及河道工程

指构成引水工程、河道工程固定资产的全部机电设备及安装工程。包括泵站设备及安装工程、水闸（涵）设备及安装工程、消能电站设备及安装工程、供电设备及安装工程、数字孪生设备及安装工程和公用设备及安装工程。

（1）泵站设备及安装工程。包括水泵、电动机、主阀、起重设备、水力机械辅助设备、电气设备等设备及安装工程。

（2）水闸（涵）设备及安装工程。包括电气一次设备及电气二次设备及安装工程。

（3）消能电站设备及安装工程。其组成内容可以参照枢纽工程的发电设备及安装工程和升压变电设备及安装工程。

（4）供电设备及安装工程。包括供电、变配电设备及安装工程。

（5）数字孪生设备及安装工程。包括雨水情监测预报设备、工程安全监测设备、运行视频监视设备、通信网络设备、自动化控制系统、信息基础环境设备、数字孪生平台、网络安全和数据安全系统、工程管理业务应用系统等设备及安装工程。

（6）公用设备及安装工程。包括电站（水闸、泵站）通风采暖设备，机修设备，全厂接地及保护网，厂坝（水闸、泵站）区供水、排水、供热设备，消防设备，劳动安全与工业卫生设备，交通工具等设备及安装工程。

田间设施设备及安装工程包括首部设备及安装工程、田间灌水设施设备及安装工程等。

（1）首部设备及安装工程。包括过滤、施肥、控制调节、计量等设备及安装工程等。

（2）田间灌水设施设备及安装工程。指管道输水灌溉、喷灌、微灌等节水灌溉工程灌水设施设备及安装工程，包括田间配水管道、管件、阀门、灌溉机组、灌水器等灌水设施设备及安装工程。

田间设施设备及安装工程可以全部列入机电设备及安装工程或输水管线设备及安装工程，也可以将管道、管件、阀门等列入输水管线设备及安装工程，其余项目列入机电设备及安装工程。

第三部分　金属结构设备及安装工程

指构成枢纽工程、引水工程和河道工程固定资产的全部金属结构设备及安装工程。枢纽工程的一级项目组成与建筑工程基本一致，引水工程及河道工程的一级项目为主要建筑物，二级项目划分为闸门、启闭机、拦污设备、升船机、鱼道、升鱼机和集运鱼系统设备等设备及安装工程，水电站（泵站）压力钢管制作及安装工程等。

第四部分　输水管线设备及安装工程

指构成引水工程［含供水工程、灌溉工程（1）、其他调水工程］、河道工程［指灌溉工程（2）］固定资产的输水管线设备及安装工程。该部分的项目组成与建筑工程基本一致，划分为输水管线阀门设备及安装工程，以及输水管道、管件、管道附件等安装工程。

水电站（泵站）的站内各类管路设备及安装工程计入机电设备及安装工程，压力钢管制作及安装工程计入金属结构设备及安装工程。

第五部分　施 工 临 时 工 程

指为辅助主体工程施工而必须修建的生产和生活大型临时设施工程。本部分组成内容如下：

（1）导流工程。包括导流明渠、导流洞、施工围堰、施工期下游断流补偿设施、金属结构设备及安装工程等。

（2）施工交通工程。包括工程施工需要建设的对外交通、场内交通工程，如：公路、铁路、桥梁、施工支洞、施工工作井、码头、转运站等。施工支洞数量较多时可以作为一级项目列项。

（3）施工专项工程。包括缆机平台、掘进机专项临时设施、施工期通航工程、料场防护工程、施工安全生产专项以及其他需要单独计列的专项工程。

1）掘进机专项临时设施。指管片预制系统设施、轨道安装与拆除、施工专用供电线路、通风管道、泥浆制备处理系统设施、泥浆输送系统管路、盾构基座、反力架及其他专项设施。

2）施工安全生产专项。指施工期为保证工程安全作业环境及安全施工采取的相关措施。包括：完善、改造和维护安全防护设施设备支出，含施工现场临时用电系统、洞口或临边防护、高处作业或交叉作业防护、临时安全防护、支护及防治边坡滑坡、工程有害气体监测和通风、保障安全的机械设备、防火、防爆、防触电、防尘、防毒、防雷、防台风、防地质灾害等设施设备支出；应急救援技术装备、设施配置及维护保养支出，事故逃生和紧急避险设施设备的配置和应急救援队伍建设、应急预案制修订与应急演练支出；开展施工现场重大危险源检测、评估、监控支出，安全风险分级防控和事故隐患排查整改支出，工程项目安全生产信息化建设、运维和网络安全支出；安全生产检查、评估评价（不含新建、改建、扩建项目安全评价）、咨询和标准化建设支出；配备和更新现场作业人员安全防护用品支出；安全生产宣传、教育、培训和从业人员发现并报告事故隐患的奖励支出；安全生产适用的新技术、新标准、新工艺、新装备的推广应用支出；安全设施及特种设备检测检验、检定校准支出；安全生产责任保险支出；与安全生产直接相关的其他支出；以及按照水利安全生产要求完成安全生产目标管理（含伤亡控制指标、施工安全达标、文明施工目标等）需要的相关支出。

（4）施工场外供电工程。包括从现有电网向施工现场供电的高压输电线路（枢纽工程 35kV 及以上等级，引水工程、河道工程 10kV 及以上等级）、施工变电设施设备工程（不含施工单位负责建设的场内施工供电工程），以及按两部制电价政策计算的容（需）量电费。

（5）施工房屋建筑工程。包括施工仓库和施工办公、生活及文化福利建筑两部分。

1）施工仓库。指工程施工需要建设的设备、材料、工器具等仓库。

2）施工办公、生活及文化福利建筑。指施工单位、建设单位、监理单位及设计代表机构在工程建设期建造或租赁的办公室、宿舍、招待所、食堂、其他文化福利设施等房屋建筑工程及室外配套工程。

施工房屋建筑工程不包括计入临时设施和其他施工临时工程的施工供电（场内）、供水、供风、供热、制冷系统，通信系统，砂石料系统，混凝土拌和及浇筑系统，混凝土预制构件厂，木工、钢筋、机修等辅助加工厂，施工排水等工程的厂房等生产用房。

（6）其他施工临时工程。指除施工导流、施工交通、施工专项工程、施工场外供电、施工房屋建筑以外的大型施工临时工程。主要包括施工供水系统设施（大型泵房及干管）、砂石料加工系统设施、混凝土拌和浇筑系统设施、混凝土预制构件厂、大型施工机械安装拆卸、防汛、防冰、施工排水、施工通信、施工信息化系统等工程。

1）施工排水。指基坑排水、河道降水等集中排水系统建设和运行。

2）施工信息化系统。指工程建设期间施工信息化建设需要的软件、设施设备建设和运行，包括建设管理信息系统、智能施工与管理信息系统、临时工程安全监测系统的建设和运行，以及永久安全监测系统的施工期运行（施工期观测与分析）等，不包括安全生产信息化系统。施工期先期建设使用、为运行管理服务的信息化系统相关项目列入永久工程。

第六部分 独 立 费 用

本部分由建设管理费、工程建设监理费、生产准备费、科研勘测设计费和其他等五项组成。

（1）建设管理费。

（2）工程建设监理费。

（3）生产准备费。包括生产及管理单位提前进厂费、生产职工培训费、管理用具购置费、备品备件购置费、工器具及生产家具购置费、联合试运转费。

（4）科研勘测设计费。包括工程科学研究试验费和工程勘测设计费。

（5）其他。包括工程保险费、其他税费。

第二节　项　目　划　分

根据水利工程性质和工程分类，其工程项目分别按枢纽工程、引水工程和河道工程划分，工程各部分下设一级、二级、三级项目。建筑工程项目划分见表 2-1 和表 2-2，机电设备及安装工程、金属结构设备及安装工程、输水管线设备及安装工程、施工临时工程、独立费用项目划分见表 2-3～表 2-7。金属结构设备及安装工程、输水管线设备及安装工程的一级项目一般与建筑工程的一级项目对应一致。

项目划分表的二级、三级项目仅列示了代表性子目，编制概算时，二级、三级项目可以根据初步设计阶段的工作深度和工程实际情况进行调整。

引水工程可以根据项目具体情况确定项目划分，但工程各部分项目划分方法应当一致。一级项目可以按工程项目属性（如渠道、建筑物等）进行项目划分，也可以先按渠段或渠系（如总干渠、干渠、分干渠、支渠、分支渠等）进行项目划分，再按工程项目属性（渠道、建筑物等）进一步划分。

永久与临时结合的项目，即先按临时工程建设、后期作为永久工程使用的项目，列入永久工程。

第一部分 建 筑 工 程

表 2-1

Ⅰ		枢纽工程		
序号	一级项目	二级项目	三级项目	备注
一	挡水工程			
1		混凝土坝（闸）工程		
			土方开挖	
			石方开挖	
			土石方填筑	
			混凝土	
			模板	
			钢筋制安	
			混凝土防渗墙成槽	
			混凝土防渗墙浇筑	
			混凝土防渗墙钢筋笼制安	根据设计列项
			灌浆孔	
			灌浆	
			排水孔	
			砌石	
			喷混凝土	
			锚杆	
			启闭机室	
			温控措施	
			细部结构工程	
2		土（石）坝工程		

I			枢纽工程	
序号	一级项目	二级项目	三级项目	备注
			土方开挖	
			石方开挖	
			坝体土料填筑	
			坝体堆石料填筑	
			坝体砂砾料填筑	
			斜（心）墙土料填筑	
			反滤料、过渡料填筑	
			铺盖填筑	
			土工膜（布）	
			沥青混凝土	
			混凝土	
			模板	
			钢筋制安	
			混凝土防渗墙成槽	
			混凝土防渗墙浇筑	
			混凝土防渗墙钢筋笼制安	根据设计列项
			软基处理	根据设计列项
			灌浆孔	
			灌浆	
			预埋灌浆管	根据设计列项
			排水孔	
			砌石	
			喷混凝土	

Ⅰ	枢纽工程			
序号	一级项目	二级项目	三级项目	备注
			锚杆	
			面（趾）板止水	
			白蚁防治措施	根据设计列项
			细部结构工程	
3		库岸防渗工程		
二	泄水工程			
1		溢洪道工程		
			土方开挖	
			石方开挖	
			土石方填筑	
			混凝土	
			模板	
			钢筋制安	
			灌浆孔	
			灌浆	
			排水孔	
			砌石	
			喷混凝土	
			锚杆	
			启闭机室	
			温控措施	
			细部结构工程	
2		泄水洞工程		
			土方开挖	

Ⅰ	枢纽工程			
序号	一级项目	二级项目	三级项目	备注
			石方开挖	
			混凝土	
			模板	
			钢筋制安	
			钢板衬砌	
			灌浆孔	
			灌浆	
			排水孔	
			砌石	
			喷混凝土	
			锚杆	
			混凝土预应力锚索制安	
			钢筋网	
			钢拱架制安	
			钢拱架连接筋	
			钢拱架锁脚锚杆	
			细部结构工程	
3		泄水闸工程		
			土方开挖	
			石方开挖	
			混凝土	
			模板	
			钢筋制安	

Ⅰ	枢纽工程			
序号	一级项目	二级项目	三级项目	备注
			混凝土预应力锚索制安	
			细部结构工程	
4		冲沙洞（孔）工程		
5		放空洞工程		
6		生态放水管		
7		消能防冲设施工程		
三	引水工程			
1		进水口工程		
			土方开挖	
			石方开挖	
			混凝土	
			模板	
			钢筋制安	
			砌石	
			锚杆	
			启闭机室	
			细部结构工程	
2		引水明渠工程		
			土方开挖	
			石方开挖	
			混凝土	
			模板	
			钢筋制安	

続表

I	枢纽工程			
序号	一级项目	二级项目	三级项目	备注
			砌石	
			锚杆	
			细部结构工程	
3		引水隧洞工程		
			土方开挖	
			石方开挖	
			混凝土	
			模板	
			钢筋制安	
			灌浆孔	
			灌浆	
			排水孔	
			砌石	
			喷混凝土	
			锚杆	
			混凝土预应力锚索制安	
			钢筋网制安	
			钢拱架制安	
			钢拱架连接筋	
			钢拱架锁脚锚杆	
			细部结构工程	
4		高压管道工程		
			土方开挖	

Ⅰ	枢纽工程			
序号	一级项目	二级项目	三级项目	备注
			石方开挖	
			混凝土	
			模板	
			钢筋制安	
			钢板衬砌	
			灌浆孔	
			灌浆	
			砌石	
			锚杆	
			混凝土预应力锚索制安	
			钢筋网制安	
			钢拱架制安	
			钢拱架连接筋	
			钢拱架锁脚锚杆	
			细部结构工程	
5		调压井工程		
			土方开挖	
			石方开挖	
			混凝土	
			模板	
			钢筋制安	
			灌浆孔	
			灌浆	

Ⅰ	枢纽工程			
序号	一级项目	二级项目	三级项目	备注
			砌石	
			喷混凝土	
			锚杆	
			细部结构工程	
6		独立取水口工程		
四	发电厂（泵站）工程			
1		地面厂房（泵房）工程		
			土方开挖	
			石方开挖	
			土石方填筑	
			混凝土	
			模板	
			钢筋制安	
			灌浆孔	
			灌浆	
			砌石	
			喷混凝土	
			锚杆	
			温控措施	
			厂房建筑及装修	
			细部结构工程	
2		地下厂房（泵房）工程		

Ⅰ	枢纽工程			
序号	一级项目	二级项目	三级项目	备注
			石方开挖	
			混凝土	
			模板	
			钢筋制安	
			灌浆孔	
			灌浆	
			喷混凝土	
			锚杆	
			钢筋网制安	
			预应力锚杆钻孔	
			预应力锚杆制安	
			预应力锚索钻孔	
			预应力锚索制安	
			钢拱架制安	
			钢拱架连接筋	
			钢拱架锁脚锚杆	
			排水孔	
			温控措施	
			厂房装修	
			细部结构工程	
3		交通运输洞（井）工程		
4		主变洞母线洞工程		
5		出线洞（井）工程		

Ⅰ	枢纽工程			
序号	一级项目	二级项目	三级项目	备注
6		通风洞（井）工程		
7		尾水洞工程		
8		尾水调压井工程		
9		尾水渠工程		
五	升压变电站工程			地面升压变电站
1		变电站工程		
			土方开挖	
			石方开挖	
			土石方填筑	
			混凝土	
			模板	
			钢筋制安	
			砌石	
			钢构架	
			细部结构工程	
2		开关站工程		
			土方开挖	
			石方开挖	
			土石方填筑	
			混凝土	
			模板	
			钢筋制安	
			砌石	

Ⅰ	枢纽工程			
序号	一级项目	二级项目	三级项目	备注
			钢构架	
			细部结构工程	
六	通航工程			
1		上游引航道工程		含靠船墩
			土方开挖	
			石方开挖	
			土石方填筑	
			混凝土	
			模板	
			钢筋制安	
			砌石	
			锚杆	
			细部结构工程	
2		船闸（升船机）工程		
			土方开挖	
			石方开挖	
			土石方填筑	
			混凝土	
			模板	
			钢筋制安	
			灌浆孔	
			灌浆	
			锚杆	
			控制室	
			温控措施	

Ⅰ		枢纽工程		
序号	一级项目	二级项目	三级项目	备注
			细部结构工程	
3		下游引航道工程		含靠船墩
4		锚地		
七	过鱼工程			
1		鱼道工程		
2		升鱼机工程		
3		集运鱼系统设施工程		
八	边坡工程			
			土方开挖	
			石方开挖	
			喷混凝土	
			锚杆	
			钢筋网制安	
			灌注桩造孔	
			灌注混凝土桩	
			预应力锚杆钻孔	
			预应力锚杆制安	
			预应力锚索钻孔	
			预应力锚索制安	
			混凝土	
			模板	
			钢筋制安	
			防护网	
			植物措施	
			细部结构工程	
九	交通工程			

I		枢纽工程		
序号	一级项目	二级项目	三级项目	备注
1		公路工程		
2		桥梁工程		
3		交通隧洞工程		
4		铁路工程		
5		码头工程		
十	房屋建筑工程			
1		辅助生产用房		
2		办公用房		
3		值班宿舍及文化福利建筑		
4		室外工程		
十一	供电设施工程			
十二	数字孪生设施工程			
1		雨水情监测预报设施		
2		工程安全监测设施		
3		通信网络设施		
4		信息基础环境设施		
十三	其他建筑工程			
1		照明线路工程		
2		厂坝（水闸、泵站）区供水、供热、排水等公用设施		
3		劳动安全与工业卫生设施		

Ⅰ	枢纽工程			
序号	一级项目	二级项目	三级项目	备注
4		工程管理安防设施		根据管理设计列项
5		管理区绿化措施		根据管理设计列项
6		水文化设施		根据管理设计列项
7		其他		
Ⅱ	引水工程			
序号	一级项目	二级项目	三级项目	备注
一	渠道工程			含附属小型建筑物
1		××～××段总干渠工程		
			土方开挖	
			石方开挖	
			土石方填筑	
			混凝土	
			模板	
			钢筋制安	
			砌石	
			垫层	
			保温板	
			土工布	
			草皮护坡	
			软基处理	根据设计列项
			边坡支护措施	根据设计列项

続表

Ⅱ	引水工程			
序号	一级项目	二级项目	三级项目	备注
			钢板桩	
			灌注桩造孔	
			灌注混凝土桩	
			白蚁防治措施	根据设计列项
			细部结构工程	
2		××～××段干渠工程		
3		××～××段支渠工程		
二	输水管线工程			含附属小型建筑物
1		××～××段干管工程		
			土方开挖	
			石方开挖	
			土石方填筑	
			混凝土	
			模板	
			钢筋制安	
			砌石	
			边坡支护措施	根据设计列项
			钢板桩	
			垫层	
			土工布	
			草皮护坡	
			细部结构工程	

Ⅱ	引水工程			
序号	一级项目	二级项目	三级项目	备注
2		××～××段支管工程		
三	建筑物工程			
1		取水口工程		
2		泵站工程（扬水站、排灌站）		
			土方开挖	
			石方开挖	
			土石方填筑	
			混凝土	
			模板	
			钢筋制安	
			基坑支护措施	根据设计列项
			砌石	
			厂房建筑及装修	
			细部结构工程	
3		水闸工程		
			土方开挖	
			石方开挖	
			土石方填筑	
			混凝土	
			模板	
			钢筋制安	
			基坑支护措施	根据设计列项
			灌浆孔	
			灌浆	
			砌石	

Ⅱ	引水工程			
序号	一级项目	二级项目	三级项目	备注
			启闭机室	
			细部结构工程	
4		渡槽工程		
			土方开挖	
			石方开挖	
			土石方填筑	
			混凝土	
			模板	
			钢筋制安	
			混凝土预应力锚索制安	
			模板支撑措施	根据设计列项
			高大跨渡槽施工措施	根据设计列项
			砌石	
			细部结构工程	
5		隧洞工程（钻爆施工）		
			石方洞挖	
			衬砌混凝土	
			模板	
			钢筋制安	
			混凝土预应力锚索制安	
			灌浆孔	
			灌浆	
			砌石	
			喷混凝土	

Ⅱ			引水工程	
序号	一级项目	二级项目	三级项目	备注
			锚杆	
			钢筋网制安	
			钢拱架制安	
			钢拱架连接筋	
			钢拱架锁脚锚杆	
			小导管制安	
			小导管注浆	
			管棚制安	
			管棚注浆	
			细部结构工程	
6		隧洞工程（敞开式TBM施工）		
			掘进机安装调试	
			掘进机拆除	
			掘进开挖	
			TBM步进通过	
			衬砌混凝土	
			模板	
			钢筋制安	
			灌浆孔	
			灌浆	
			砌石	
			喷混凝土	
			锚杆	
			钢筋网制安	
			钢筋排制安	
			钢拱架制安	

Ⅱ			引水工程	
序号	一级项目	二级项目	三级项目	备注
			钢拱架连接筋	
			钢拱架锁脚锚杆	
			超前加固支护	根据设计列项
			超前地质预报措施	经论证计列
			细部结构工程	
7		隧洞工程（护盾 TBM 施工）		
			掘进机安装调试	
			掘进机拆除	
			掘进开挖	
			TBM 滑行通过	
			混凝土管片预制及安装	
			管片钢筋制安	
			豆砾石回填及灌浆	
			管片止水	
			管片防水密封垫	
			管片嵌缝	
			管片手孔封堵	
			二次衬砌混凝土	
			模板	
			钢筋制安	
			灌浆孔	
			灌浆	
			超前加固支护	根据设计列项

Ⅱ		引水工程		
序号	一级项目	二级项目	三级项目	备注
			超前地质预报措施	经论证计列
			细部结构工程	
8		隧洞工程（盾构施工）		
			掘进机安装调试	
			掘进机拆除	
			掘进开挖	
			盾构空推通过	
			渣土改良	土压平衡盾构
			混凝土管片预制及安装	
			管片钢筋制安	
			壁后注浆	
			管片止水	
			管片防水密封垫	
			管片嵌缝	
			管片手孔封堵	
			二次衬砌混凝土	
			模板	
			钢筋制安	
			灌浆孔	
			灌浆	
			超前加固支护	根据设计列项
			泥浆系统	根据设计列项
			细部结构工程	
9		箱涵（暗渠）工程		
10		倒虹吸工程		

Ⅱ	引水工程			
序号	一级项目	二级项目	三级项目	备注
11		调蓄水库工程		
12		消能电站工程		
13		跌水、陡坡等工程		
14		调压塔（井、室）、高位水池、保水堰等工程		
15		管桥工程		
16		其他建筑物工程		
四	交叉工程			根据专业设施类别列项
1		公路桥、铁路桥、排洪槽（涵）等交叉建筑物工程		
2		专业设施加固工程		
3		排洪（排水、导流）沟（渠）等工程		
五	交通工程			
1		对外公路		
2		运行管理道路		
六	房屋建筑工程			
1		辅助生产用房		
2		办公用房		
3		值班宿舍及文化福利建筑		
4		室外工程		
七	供电设施工程			
八	数字孪生设施工程			

Ⅱ	引水工程			
序号	一级项目	二级项目	三级项目	备注
1		雨水情监测预报设施		
2		工程安全监测设施		
3		通信网络设施		
4		信息基础环境设施		
九	其他建筑工程			
1		照明线路工程		
2		厂坝（水闸、泵站）区供水、供热、排水等公用设施		
3		劳动安全与工业卫生设施		
4		工程管理安防设施		根据管理设计列项
5		管理区绿化措施		根据管理设计列项
6		水文化设施		根据管理设计列项
7		其他		
Ⅲ	河道工程			
序号	一级项目	二级项目	三级项目	备注
一	堤防与河湖整治工程			
1		××～××段堤防工程		
			土方开挖	

Ⅲ	河道工程			
序号	一级项目	二级项目	三级项目	备注
			土方填筑	
			混凝土	
			模板	
			砌石	
			土工布	
			防渗墙	
			灌浆孔	
			灌浆	
			草皮护坡	
			白蚁防治措施	根据设计列项
			细部结构工程	
2		××～××段河道（湖泊）整治工程		
3		××～××段河道疏浚工程		
二	灌溉工程			含附属小型建筑物
1		××～××段渠道工程		
			土方开挖	
			土方填筑	
			混凝土	
			模板	
			砌石	
			土工布	

Ⅲ	河道工程			
序号	一级项目	二级项目	三级项目	备注
			白蚁防治措施	根据设计列项
			细部结构工程	
2		××～××段管线工程		
			土方开挖	
			土方填筑	
			混凝土	
			模板	
			砌石	
			细部结构工程	
三	建筑物工程			
1		水闸工程		
2		泵站工程（扬水站、排灌站）		
3		其他建筑物工程		
四	交叉工程			
五	交通工程			
六	房屋建筑工程			
1		辅助生产用房		
2		办公用房		
3		值班宿舍及文化福利建筑		

Ⅲ	河道工程			
序号	一级项目	二级项目	三级项目	备注
4		室外工程		
七	供电设施工程			
八	数字孪生设施工程			
1		雨水情监测预报设施		
2		工程安全监测设施		
3		通信网络设施		
4		信息基础环境设施		
九	其他建筑工程			
1		照明线路工程		
2		厂坝（水闸、泵站）区供水、供热、排水等公用设施		
3		劳动安全与工业卫生设施工程		
4		工程管理安防设施		根据管理设计列项
5		管理区绿化措施		根据管理设计列项
6		水文化设施		根据管理设计列项
7		其他		

三级项目划分要求及技术经济指标

表 2 - 2

序号	三级项目			技术经济指标
	分类	名称示例	说明	
1	土石方开挖工程	土方开挖	区分土方开挖、砂砾石开挖等列项	元/m³
		石方开挖	区分一般开挖与坡面、沟槽、基础开挖，平洞、斜井、竖井开挖等列项	元/m³
2	土石方填筑工程	土方填筑	区分土料填筑、砂砾料填筑等列项	元/m³
		石方填筑	区分堆石料填筑、石渣料填筑，开采料、（直接、转运）利用料等列项	元/m³
		垫层料、过渡料、反滤料填筑		元/m³
		斜（心）墙土料填筑		元/m³
		铺盖填筑		元/m³
3	砌筑工程	砌石	区分建筑物类别、部位，按干砌石、浆砌石、抛石、钢筋石笼、铅丝石笼、固滨笼、绿滨垫等列项	元/m³
		砌砖		元/m³

序号	三级项目			技术经济指标
	分类	名称示例	说明	
4	混凝土与模板工程	混凝土	区分建筑物类别、部位，按现浇或预制混凝土，普通或特种混凝土，常态或碾压混凝土，根据混凝土强度等级、抗冻抗渗、级配等设计要求，结合施工方案列项	元/m³
		模板	区分模板类型、材质等列项	元/m²
		沥青混凝土		元/m³
5	钻孔灌浆工程	防渗墙	区分钢筋（塑性）混凝土防渗墙、高压喷射防渗、深层搅拌桩防渗墙、振动沉模防渗板墙、土工膜防渗等列项，钢筋混凝土防渗墙分列成槽、浇筑、钢筋笼制安等项目	元/m²（m，t）
		地下连续墙	分列地下连续墙成槽、浇筑、钢筋笼制安等项目	元/m²（t）
		灌注桩	分列造孔、灌注混凝土等项目	元/m
		灌浆孔	区分钻孔机械种类及钻孔用途列项	元/m
		灌浆	区分灌浆类别、透水率等列项	元/m(m²)
		预埋灌浆管	防渗墙下接帷幕灌浆时，根据施工设计计列防渗墙体内预埋灌浆管	元/m
		排水孔		元/m

序号	三级项目			技术经济指标
	分类	名称示例	说明	
6	锚固工程	锚杆	区分砂浆锚杆、药卷锚杆等类别，按钻孔机械种类、锚杆长度、岩石级别等列项	元/根
		预应力锚杆	分列钻孔、预应力锚杆制安等项目	元/m（根）
		预应力锚索	区分岩体锚索、混凝土锚索等列项，岩体锚索分列钻孔、预应力锚索制安等项目	元/m（束）
		喷混凝土		元/m^3
		小导管	分列小导管制安、注浆	元/m（m^3）
		管棚	分列管棚制安、注浆	元/m（m^3）
		防护网	区分主动防护网、被动防护网等列项	元/m^2
7	钢筋工程	钢筋制安		元/t
		钢筋网制安		元/t
		钢筋笼制安		元/t
		钢拱架	区分型钢拱架、格栅拱架等类别，分列钢拱架制安、钢拱架连接筋、钢拱架锁脚锚杆等项目	元/t（根）
8	掘进机施工隧洞工程	掘进机安装调试	区分敞开式、护盾式TBM，盾构等列项	元/台次
		掘进机拆除	区分敞开式、护盾式TBM，盾构等列项	元/台次
		掘进开挖	TBM区分抗压强度、围岩类别等列项	元/m^3
			盾构分列负环段、始发段、正常段、到达段等项目	

序号	三级项目			技术经济指标
	分类	名称示例	说明	
8	掘进机施工隧洞工程	掘进机步进（滑行、空推）	区分敞开式、护盾式 TBM，盾构等列项	元/m
		混凝土管片预制及安装		元/m³
		管片钢筋制安		元/t
		豆砾石回填灌浆		元/m³
		壁后注浆		元/m³
		管片止水		元/m
		管片防水密封垫		元/m
		管片嵌缝		元/m
		管片手孔封堵		元/个
		喷混凝土		元/m³
		锚杆		元/根
		钢筋网制安		元/t
		钢筋排制安		元/t
		钢拱架	分列钢拱架制安、钢拱架连接筋、钢拱架锁脚锚杆等项目	元/t(根)
9	钢材	钢板衬砌		元/t
		钢构架		元/t
10	止水	面（趾）板止水		元/m
11	其他	土工膜（布）		元/m²
		启闭机室		元/m²
		控制室（楼）		元/m²
		温控措施		元/m³
		厂房建筑		元/m²
		厂房装修		元/m²
		细部结构工程		元/m³

第二部分 机电设备及安装工程

表 2-3

I	枢纽工程			
序号	一级项目	二级项目	三级项目	技术经济指标
一	发电设备及安装工程			
1		水轮机设备及安装工程		
			水轮机	元/台（t）
			调速器	元/台
			油压装置	元/套
			过速限制器	元/套
			自动化元件	元/套
			透平油	元/t
2		发电机设备及安装工程		
			发电机	元/台（t）
			励磁装置	元/台套
			自动化元件	元/台套
3		主阀设备及安装工程		
			蝴蝶阀（球阀等）	元/台
			油压装置	元/台
4		起重设备及安装工程		
			桥式起重机	元/台
			平衡梁	元/副
			轨道	元/双 10m

Ⅰ		枢纽工程		
序号	一级项目	二级项目	三级项目	技术经济指标
			轨道阻进器	元/t
			滑触线	元/三相10m
5		水力机械辅助设备及安装工程		
			油系统	
			压气系统	
			水系统	
			水力量测系统	
			管路（管道、附件、阀门）	
6		电气设备及安装工程		
			发电电压装置	
			控制保护系统	
			直流系统	
			厂用电系统	
			电工试验设备	
			动力电缆	元/km
			控制电缆	元/km
			母线	元/(100m/单相)
				元/(100m/三相)
			电缆支架	元/t
			电缆桥架	元/t
二	升压变电设备及安装工程			
1		主变压器设备及安装工程		

I		枢纽工程	
序号	一级项目	二级项目	三级项目	技术经济指标

序号	一级项目	二级项目	三级项目	技术经济指标
			变压器	元/台
			轨道	元/双 10m
			轨道阻进器	元/t
2		高压电气设备及安装工程		
			高压断路器	元/组（台）
			高压组合电器（GIS）	元/间隔
			电流互感器	元/项
			电压互感器	元/项
			隔离开关	元/项
			高压电缆	元/(100m/三相)
3		一次拉线及其他安装工程		
三	数字孪生设备及安装工程			
1		雨水情监测预报设备		
2		工程安全监测设备		
3		运行视频监视设备		
4		通信网络设备		
5		自动化控制系统		
6		信息基础环境设备		
7		数字孪生平台		
8		网络安全和数据安全系统		

Ⅰ		枢纽工程		
序号	一级项目	二级项目	三级项目	技术经济指标
9		工程管理业务应用系统		
四	公用设备及安装工程			
1		供电设备及安装工程		
			变压器	元/台
			配电装置	元/套
			柴油发电机	元/台
2		通风采暖设备及安装工程		
			通风机	元/台
			空调机	元/台
			管路系统	
3		机修设备及安装工程		
			车床	元/台
			刨床	元/台
			钻床	元/台
4		全厂接地及保护网		
5		电梯设备及安装工程		
			大坝电梯	元/台
			厂房电梯	元/台
6		厂坝区供水、排水、供热设备及安装工程		
7		消防设备		

I		枢纽工程		
序号	一级项目	二级项目	三级项目	技术经济指标
8		劳动安全与工业卫生设备		
9		交通工具		
II		引水工程及河道工程		
序号	一级项目	二级项目	三级项目	技术经济指标
一	泵站设备及安装工程			
1		水泵设备及安装工程		
			水泵	元/台（t)
2		电动机设备及安装工程		
			电动机	元/台（t)
			变频器	元/台
			励磁装置	元/套
3		主阀设备及安装工程		
			蝴蝶阀（球阀等）	元/台
			超声波流量计	元/台
4		起重设备及安装工程		
			桥式起重机	元/台
			平衡梁	元/副
			轨道	元/双 10m
			轨道阻进器	元/t
			滑触线	元/三相 10m
5		水力机械辅助设备及安装工程		

Ⅱ		引水工程及河道工程		
序号	一级项目	二级项目	三级项目	技术经济指标
			油系统	
			压气系统	
			水系统	
			水力量测系统	
			管路（管道、附件、阀门）	
6		电气设备及安装工程		
			控制保护系统	
			盘柜	
			电缆	
			母线	
二	水闸（涵）设备及安装工程			
1		电气一次设备及安装工程		
2		电气二次设备及安装工程		
三	消能电站设备及安装工程			
四	供电设备及安装工程			
		变电站设备及安装工程		
五	数字孪生设备及安装工程			
1		雨水情监测预报设备		

Ⅱ		引水工程及河道工程		
序号	一级项目	二级项目	三级项目	技术经济指标
2		工程安全监测设备		
3		运行视频监视设备		
4		通信网络设备		
5		自动化控制系统		
6		信息基础环境设备		
7		数字孪生平台		
8		网络安全和数据安全系统		
9		工程管理业务应用系统		
六	公用设备及安装工程			
1		通风采暖设备及安装工程		
			通风机	元/台
			空调机	元/台
			管路系统	
2		机修设备及安装工程		
			车床	元/台
			刨床	元/台
			钻床	元/台
3		全厂接地及保护网		
4		厂坝区供水、排水、供热设备及安装工程		
5		消防设备		
6		劳动安全与工业卫生设备		
7		交通工具		

第三部分　金属结构设备及安装工程

表 2 - 4

Ⅰ	枢纽工程			
序号	一级项目	二级项目	三级项目	技术经济指标
一	挡水工程			
1		闸门设备及安装工程		
			平板门	元/t
			弧形门	元/t
			埋件	元/t
			闸门、埋件防腐	元/t(m^2)
2		启闭设备及安装工程		
			卷扬式启闭机	元/台
			门式起重机	元/台
			液压式启闭机	元/台
			轨道	元/双 10m
			轨道阻进器	元/t
3		拦污设备及安装工程		
			拦污栅	元/t
			清污机	元/台
二	泄水工程			
1		闸门设备及安装工程		
2		启闭设备及安装工程		
3		拦污设备及安装工程		
三	引水工程			
1		闸门设备及安装工程		

Ⅰ		枢纽工程		
序号	一级项目	二级项目	三级项目	技术经济指标
2		启闭设备及安装工程		
3		拦污设备及安装工程		
4		压力钢管制作及安装工程		
			压力钢管	元/t
			叉管	元/t
四	发电厂（泵站）工程			
1		闸门设备及安装工程		
2		启闭设备及安装工程		
			卷扬式启闭机	元/台
			液压式启闭机	元/台
			桥式起重机	元/台
			轨道	元/双10m
			轨道阻进器	元/t
五	通航工程			
1		闸门设备及安装工程		
2		启闭设备及安装工程		
3		升船机设备及安装工程		
六	过鱼工程			
1		鱼道设备及安装工程		
2		升鱼机设备及安装工程		
3		集运鱼系统设备及安装工程		

II		引水工程及河道工程		
序号	一级项目	二级项目	三级项目	技术经济指标
一	泵站工程			
1		闸门设备及安装工程		
2		启闭设备及安装工程		
3		拦污设备及安装工程		
二	水闸（涵）工程			
1		闸门设备及安装工程		
2		启闭设备及安装工程		
3		拦污设备及安装工程		
三	倒虹吸工程			
1		闸门设备及安装工程		
2		启闭设备及安装工程		
3		拦污设备及安装工程		
四	消能电站工程			
1		闸门设备及安装工程		
2		启闭设备及安装工程		
3		拦污设备及安装工程		
4		压力钢管制作及安装工程		
五	调蓄水库工程			
六	其他建筑物工程			

第四部分　输水管线设备及安装工程

表 2-5

Ⅱ	引水工程及河道工程			
序号	一级项目	二级项目	三级项目	技术经济指标
一	管线工程			
1		××～××段干管工程		
			输水管道	元/km
			管件	元/个（t）
			管道附件	元/个（t）
			管道防腐（内外）	元/m^2
			阴极保护	元/m
			阀门	元/个（台）
			流量计	元/个
2		××～××段支管工程		

第五部分　施 工 临 时 工 程

表 2-6

序号	一级项目	二级项目	三级项目	技术经济指标
一	导流工程			
1		导流明渠工程		
			土方开挖	元/m^3
			石方开挖	元/m^3
			混凝土	元/m^3

序号	一级项目	二级项目	三级项目	技术经济指标
			模板	元/m³
			钢筋制安	元/t
			锚杆	元/根
2		导流洞工程		
			土方开挖	元/m³
			石方开挖	元/m³
			混凝土	元/m³
			模板	元/m²
			钢筋制安	元/t
			喷混凝土	元/m³
			锚杆	元/根
			钢筋网制安	元/t
			钢拱架制安	元/t
			钢拱架连接筋	元/t
			钢拱架锁脚锚杆	元/根
3		土石围堰工程		
			土方开挖	元/m³
			石方开挖	元/m³
			堰体填筑	元/m³
			砌石	元/m³
			防渗	元/m²
			堰体拆除	元/m³
			其他	
4		混凝土围堰工程		
			土方开挖	元/m³

序号	一级项目	二级项目	三级项目	技术经济指标
			石方开挖	元/m³
			混凝土	元/m³
			模板	元/m²
			防渗	元/m²
			堰体拆除	元/m³
			其他	
5		施工期下游断流补偿设施工程		
6		金属结构制作及安装工程		
二	施工交通工程			
1		公路工程		元/km
2		铁路工程		元/km
3		桥梁工程		元/延米
4		施工支洞工程		
5		施工工作井（含竖井、斜井）		
			土方开挖	元/m³
			石方开挖	元/m³
			混凝土	元/m³
			模板	元/m²
			钢筋制安	元/t
			地下连续墙成槽	元/m²
			地下连续墙浇筑	元/m²

序号	一级项目	二级项目	三级项目	技术经济指标
			地下连续墙钢筋笼制安	元/t
6		码头工程		
7		转运站工程		
三	施工专项工程			
1		缆机平台		
2		掘进机专项临时设施		
3		施工期通航工程		
4		料场防护工程		
5		施工安全生产专项		
四	施工场外供电工程			
1		220kV供电线路		元/km
2		110kV供电线路		元/km
3		35kV供电线路		元/km
4		10kV供电线路（引水及河道）		元/km
5		变电设施设备（场内除外）		元/座
五	施工房屋建筑工程			
1		施工仓库		
2		施工办公、生活及文化福利建筑		
六	其他施工临时工程			

第六部分　独　立　费　用

表 2-7

序号	一级项目	二级项目	三级项目	技术经济指标
一	建设管理费			
二	工程建设监理费			
三	生产准备费			
1		生产及管理单位提前进厂费		
2		生产职工培训费		
3		管理用具购置费		
4		备品备件购置费		
5		工器具及生产家具购置费		
6		联合试运转费		
四	科研勘测设计费			
1		工程科学研究试验费		
2		工程勘测设计费		
五	其他			
1		工程保险费		
2		其他税费		

第三章 费用构成

第一节 概　述

工程部分概算的费用组成内容如下：

费用
- 工程费
  - 建筑安装工程费
  - 设备费
- 独立费用
- 预备费
- 建设期融资利息

一、建筑安装工程费

由直接费、间接费、利润和税金组成。

1. 直接费

（1）基本直接费。

（2）其他直接费。

2. 间接费

（1）规费。

（2）企业管理费。

3. 利润

4. 税金

二、设备费

由设备原价、运杂费、运输保险费、采购及保管费组成。

（1）设备原价。

（2）运杂费。

（3）运输保险费。

（4）采购及保管费。

三、独立费用

由建设管理费、工程建设监理费、生产准备费、科研勘测设计费和其他组成。

1. 建设管理费

2. 工程建设监理费

3. 生产准备费

（1）生产管理单位提前进厂费。

（2）生产职工培训费。

（3）管理用具购置费。

（4）备品备件购置费。

（5）工器具及生产家具购置费。

（6）联合试运转费。

4. 科研勘测设计费

（1）工程科学研究试验费。

（2）工程勘测设计费。

5. 其他

（1）工程保险费。

（2）其他税费。

四、预备费

1. 基本预备费

2. 价差预备费

五、建设期融资利息

第二节　建筑安装工程费

建筑安装工程费（简称"建安工程费"）是建筑工程费和安装工程费的统称，包括工程各部分概算属于建筑工程、安装工程性质的全部费用，其中建筑工程费是永久和临时建筑物的建造费用，安装工程费是设备、装置性材料等安装过程中发生的费用。按费用构成要素，建筑安装工程费划分为直接费、间接费、利润和税金。

根据一般纳税人的有关政策计算建筑安装工程费，税金之前的相关费用不含增值税进项税额。

一、直接费

直接费指建筑安装工程施工过程中消耗的用于形成工程实体的直接费用，以及为完成工程项目施工发生的措施费用和设施费用。直接费包括基本直接费、其他直接费。

（一）基本直接费

基本直接费包括人工费、材料费、施工机械使用费。

1. 人工费

人工费指直接从事建筑安装工程施工的生产工人开支的工资性费用，包括：

（1）基本工资。由岗位工资和年应工作天数内非作业天数的工资组成。

1）岗位工资指按照职工所在岗位确定的计时工资。

2）生产工人年应工作天数内非作业天数的工资，包括生产工人开会学习、培训期间的工资，调动工作、探亲、休假期间的工资，因气候影响的停工工资，女工哺乳期间的工资，病假在六个月以内的工资及产、婚、丧假期的工资。

（2）辅助工资。指在基本工资之外，以其他形式支付给生产工人的工资性收入，包括根据国家有关规定属于工资性质的各种津贴，主要包括艰苦边远地区津贴、施工津贴、夜餐津贴、节假日加班津贴等。

2. 材料费

材料费指用于建筑安装工程的消耗性材料费、装置性材料费，以及周转性材料的摊销费。

材料费包括定额规定的计价材料费和未计价材料费。本规定将超出限制价格的计价材料费划分为材料基价（费）和材料补差（费）两部分费用，材料基价（费）指根据相关材料的限制价格计算的材料费，材料补差（费）指根据相关材料的预算价格与限制价格差值计算的材料费。

材料预算价格一般包括材料原价、运杂费、运输保险费、采购及保管费四项。

（1）材料原价。指材料指定交货地点的价格。

（2）运杂费。指材料从指定交货地点至工地分仓库或相当于工地分仓库（材料堆放场）所发生的全部费用。包括运输费、装卸费及其他杂费。

（3）运输保险费。指材料在运输途中的保险费。

（4）采购及保管费。指材料在采购、供应和保管过程中所发生的各项费用。主要包括材料的采购、供应和保管部门工作人员的基本工资、辅助工资、基本养老保险费、基本医疗保险费（含生育保险费）、失业保险费、工伤保险费、住房公积金、职工福利费、工会经费、职工教育经费、劳动保护费、办公费、差旅交通费及工具用具使用费，仓库、转运站等设施的检修费、固定资产折旧费，材料在运输、保管过程中发生的损耗等。

3. 施工机械使用费

施工机械使用费指消耗在建筑安装工程的机械磨损、维修和动力燃料费用等。包括折旧费、修理及替换设备费、安装拆卸费、机上人工费和动力燃料费等。

（1）折旧费。指施工机械在规定使用年限内回收原值的台时折旧摊销费用。

（2）修理及替换设备费。

1）修理费指施工机械使用过程中，为了使机械保持正常功能而进行修理所需的摊销费用和机械正常运转及日常保养所需的润滑油料、擦拭用品的费用，以及保管机械所需的费用。

2）替换设备费指施工机械正常运转时所耗用的替换设备及随机使用的工具附具等摊销费用。

（3）安装拆卸费。指施工机械在现场进行安装与拆卸所需的人工、材料、机械和试运转费用，以及机械辅助设施的折旧、搭设、拆除等费用。根据定额要求，部分大型施工机械的安装拆卸费不在其施工机械使用费计列，包含在其他施工临时工程中。

（4）机上人工费。指施工机械机上操作人员费用。

（5）动力燃料费用。指施工机械正常运转时所耗用的风、水、电、油和煤等费用。

（二）其他直接费

其他直接费包括冬雨季施工增加费、夜间施工增加费、特殊地区施工增加费、临时设施费和其他。

1. **冬雨季施工增加费**

冬雨季施工增加费指在冬雨季施工期间为保证工程质量所需增加的费用。包括增加施工工序，增设防雨、保温、排水等设施增耗的动力、燃料、材料，以及因人工、机械效率降低而增加的费用。

2. **夜间施工增加费**

夜间施工增加费指施工场地和公用施工道路的照明费用。照明线路工程费用包括在"临时设施费"中；施工附属企业生产系统、加工厂、车间的照明费用，列入相应的产品中，均不包括在本项费用之内。

3. 特殊地区施工增加费

特殊地区施工增加费指在高海拔、原始森林、沙漠等特殊地区施工而增加的费用。

4. 临时设施费

临时设施费指建筑安装工程施工必需的但又未被计入施工临时工程的小型临时建筑物、构筑物、临时设施的建设、维修、拆除、摊销等费用。临时设施主要包括：供电（场内）、供水（支线）、供风、照明、供热、制冷系统设施及通信支线，土石料场场区施工道路等设施（不含计入施工专项工程的防护工程），简易砂石料加工系统设施，小型混凝土拌和浇筑系统设施，混凝土预制构件厂，木工、钢筋、机修等辅助加工厂，场内施工排水与降水，施工场地平整，施工道路等临时工程维护，以及其他小型临时设施等。

5. 其他

包括施工工具用具使用费、工程项目及设备仪表移交生产前的维护费、工程定位复测及施工控制网测设费、工程点交费、竣工场地清理费、超前地质预报措施费、工程质量检测费等。

（1）施工工具用具使用费。指施工生产所需，但不属于固定资产的生产工具，检验、试验用具等的购置、摊销和维护费。

（2）工程项目及设备仪表移交生产前的维护费。指竣工验收前对已完工程及设备进行维护、保护所需费用。

（3）超前地质预报措施费。指地下工程施工采取超前地质预报措施所需的费用，不包括复杂引水工程高风险洞段超前地质预报措施费，其费用经论证可单独计列。

（4）工程质量检测费。指工程建设期间对工程质量进行检测发生的费用，包括施工企业自检费、跟踪检测费、验收检测费。

1）施工企业自检费指施工企业对建筑材料、构件和建筑安装物进行一般鉴定、检查所发生的检验试验费，包括自设实验室所耗用的材料和化学药品费用，以及技术革新和研究试验费，不包括新结构、新材料的试验费和建设单位要求对具有出厂合格证明的材料进行试验、对构件进行破坏性试验，以及其他特殊要求检验试验的费用。

2）跟踪检测费指施工企业按照监理规范要求配合监理单位完成跟踪检测工作发生的费用。

3）验收检测费指各级验收阶段对工程实体质量进行检测发生的费用。

二、间接费

间接费指施工企业为完成建筑安装工程施工而组织施工生产和进行经营管理所发生的各项费用。间接费包括规费和企业管理费。

（一）规费

规费指政府和有关部门规定必须缴纳的费用。包括：

（1）社会保险费。指企业按照规定标准为职工缴纳的基本养老保险费、基本医疗保险费（含生育保险费）、失业保险费、工伤保险费。

（2）住房公积金。指企业按照规定标准为职工缴纳的住房公积金。

（二）企业管理费

企业管理费包括：管理人员工资、差旅交通费、办公费、固定资产使用费、工具用具使用费、职工福利费、工会经费、职工教育经费、劳动保护费、保险费、财务费用、税金，以及其他管理性的费用。

（1）管理人员工资。指企业管理人员的基本工资、辅助工资。

（2）差旅交通费。指企业管理人员因公出差、工作调动的差旅费，误餐补助费，职工探亲路费，劳动力招募费，职工离退休、退职一次性路费，工伤人员就医路费，工地转移费，交通工具运行费及牌照费等。

（3）办公费。指企业办公用文具、印刷、邮电、书报、会议、水电、燃煤（气）等费用。

（4）固定资产使用费。指企业属于固定资产的房屋、设备、仪器等的折旧、大修理、维修费或租赁费等。

（5）工具用具使用费。指企业管理使用的，不属于固定资产的工具、用具、家具、交通工具和检验、试验、测绘、消防用具等的购置、维修和摊销费。

（6）职工福利费。指企业按照国家规定支出的职工福利费，以及由企业支付离退休职工的易地安家补助费、职工退职金、六个月以上的病假人员工资、按规定支付给离休干部的各项经费。职工发生工伤时企业依法在工伤保险基金之外支付的费用，其他在社会保险基金之外依法由企业支付给职工的费用。

（7）工会经费。指企业按职工工资总额计提的工会经费。

（8）职工教育经费。指企业为职工学习先进技术和提高文化水平按职工工资总额计提的费用。

（9）劳动保护费。指企业按照国家有关部门规定标准发放的职工防寒、防暑物品以及普通工作服、洗护用品等一般劳动防护用品、防疫物资的购置及修理费，保健费，防暑降温费，高空作业及进洞津贴，洗澡用水、饮用水的燃料费等。

（10）保险费。指施工企业投保的财产保险费、车辆保险费、工程质量保险费、工程保证保险费等。与安全生产相关的保险费用计入安全生产责任保险费。

（11）财务费用。指企业为筹集资金而发生短期融资利息净支出、汇兑净损失、金融机构手续费，投标和承包工程发生的保函手续费、担保费用等，其他财务费用。

（12）税金。指企业按规定缴纳的房产税、车船税、印花税、消费税、城市维护建设税、教育费附加和地方教育附加等。

（13）其他。包括施工企业进退场费、企业定额测定费、企业标准制修订费、企业办公信息化建设费，以及施工企业承担的技术方案和预案编制费、施工辅助工程设计费、投标费、工程图纸资料费及工程摄影费、科研与技术开发费、技术转让费、业务招待费、绿化费、广告费、公证费、法律顾问费、审计费、咨询费等。

三、利润

利润指按规定应当计入建筑安装工程费的利润。

四、税金

税金指按规定应当计入建筑安装工程费的增值税销项税额。

第三节 设 备 费

设备费包括设备原价、运杂费、运输保险费、采购及保管费。

一、设备原价

（1）国产设备。原价指出厂价。

（2）进口设备。原价指到岸价、进口征收的税金、手续费、商检费及港口费等费用之和。

（3）大型机组及其他大型设备分瓣运至工地后的拼装费用，应当包括在设备原价内。

二、运杂费

运杂费指设备由厂家运至工地安装现场所发生的运杂费用。包括运输费、装卸费、包装绑扎费、大型变压器充氮费及其他杂费。

三、运输保险费

运输保险费指设备在运输过程中的保险费用。

四、采购及保管费

采购及保管费指设备的采购、保管过程中发生的各项费用。主要包括：

（1）采购、保管部门工作人员的基本工资、辅助工资、基本养老保险费、基本医疗保险费（含生育保险费）、失业保险费、工伤保险费、住房公积金、职工福利费、工会经费、职工教育经费、劳动保护费、办公费、差旅交通费、工具用具使用费等。

（2）仓库、转运站等设施的运行费、维修费、固定资产折旧费和设备的检验、试验费等。

第四节　独立费用

独立费用由建设管理费、工程建设监理费、生产准备费、科研勘测设计费和其他等五项组成。

一、建设管理费

建设管理费指建设单位或履行建设管理职能的机构在工程项目筹建和建设期间开展管理工作所需的费用。包括建设单位开办费、建设单位人员费、项目管理费三项。

1.建设单位开办费

建设单位开办费指新组建的工程建设单位，为开展建设管理工作所必须购置的办公设施、交通工具等费用，以及开支其他用于开办工作的费用。

2.建设单位人员费

建设单位人员费指建设单位从批准组建之日起至完成该工程建设管理任务之日止，需开支的建设单位人员费用。主要包括工作人员的基本工资、辅助工资、基本养老保险费、基本医疗保险费（含生育保险费）、失业保险费、工伤保险费、住房公积金、职工福利费、工会经费、职工教育经费、劳动保护费等。

3.项目管理费

项目管理费指建设单位从筹建到竣工期间所发生的各种管理费用。包括：

（1）工程建设过程中用于资金筹措、召开董事（股东）会议、视察工程建设所发生的会议和差旅等费用。

（2）工程宣传费。

（3）土地使用税、房产税、印花税、合同公证费。

（4）审计费。

（5）施工期间所需的水情、水文、泥沙、气象监测费和报汛费。

（6）工程验收费。

（7）建设单位人员的办公费、差旅交通费、会议费、交通车辆使用费、技术图书资料费、固定资产折旧费、零星固定资产购置费、低值易耗品摊销费、工具用具使用费、修理费、水电费、采暖费等。

（8）招标业务费。

（9）经济技术咨询费。指建设单位委托开展经济技术咨询工作、按规定开展专项评价工作发生的费用，包括开展工程场地地震安全性评价、地质灾害危险性评价、防洪影响评价、安全评价、水资源论证，工程安全鉴定、验收技术鉴定，设计评审与咨询、建设期造价咨询及其他专项咨询等工作发生的费用。

（10）公安、消防部门派驻工地补贴费及其他工程管理费用。

二、工程建设监理费

工程建设监理费指建设单位在工程建设过程中委托监理单位对工程建设的质量、进度、资金和安全生产进行监理，完成施工监理、设备制造监理等相关监理工作所发生的全部费用。

三、生产准备费

生产准备费指水利建设项目的生产、管理单位为准备正常的生产运行或管理发生的费用。包括生产及管理单位提前进厂费、生产职工培训费、管理用具购置费、备品备件购置费、工器具及生产家具购置费和联合试运转费。

1. 生产及管理单位提前进厂费

生产及管理单位提前进厂费指在工程完工之前，生产及管理单位的部分技术人员、管理人员和工人提前进厂进行生产筹备工作所需的各项费用。内容包括提前进厂人员的基本工资、辅助工资、基本养老保险费、基本医疗保险费（含生育保险费）、失业保险费、工伤保险费、住房公积金、职工福利费、工会经费、职工教育经费、劳动保护费、办公费、差旅交通费、会议费、技术图书资料费、零星固定资产购置费、低值易耗品摊销费、工具用具使用费、修理费、水电费、采暖费、其他保险费等，以及其他属于生产筹建期间开支的费用。

2. 生产职工培训费

生产职工培训费指生产及管理单位为保证生产、管理工作顺利进行，需对工人、技术人员和管理人员进行培训所发生的费用。

3. 管理用具购置费

管理用具购置费指为保证新建项目的正常生产和管理所必须购置的办公和生活用具等费用。内容包括办公室、会议室、资料档案室、阅览室、文娱室、医务室等公用设施需要配置的家具器具。

4. 备品备件购置费

备品备件购置费指工程在投产运行初期，由于易损件损耗和可能发生的事故，而必须准备的备品备件和专用材料的购置费。不包括设备购置时配备的应当计入设备费的备品备件费用。

5. 工器具及生产家具购置费

工器具及生产家具购置费指为保证初期生产正常运行所必须购置的不属于固定资产标准的工具、器具、仪表、生产家具等的购置费。不包括设备购置时配备的应当计入设备费的工器具费用。

6. 联合试运转费

联合试运转费指水利工程的水电站（泵站）机组等安装完毕进行整套设备带负荷联合试运转期间所需的各项费用，供水、灌溉、其他调水工程进行通水试运行发生的各项费用。主要包括联合试运转期间所消耗的燃料、动力、材料及机械使用费，工具用具购置费，工程巡视检查费，施工单位参加联合试运转人员的工资等。不包括供水、灌溉、其他调水工程进行通水试运行所需的水费、水资源税（费）等。

四、科研勘测设计费

科研勘测设计费指为满足工程建设需要，完成科研、勘测和设计等工作所发生的费用。包括工程科学研究试验费和工程勘测设计费。

1. 工程科学研究试验费

工程科学研究试验费指建设单位为保障工程质量、安全、进度和资金使用，组织开展技术经济相关问题研究和试验，形成科研成果、技术经济标准等所需的费用。

2. 工程勘测设计费

工程勘测设计费指工程从项目建议书（或可行性研究报告）阶段开始至以后各设计阶段发生的勘测费、设计费。不包括工程建设征地移民设计、环境保护设计、水土保持设计各设计阶段发生的勘测设计费。

五、其他

1. 工程保险费

工程保险费指工程建设期间，为使工程能在遭受水灾、火灾等自然灾害和意外事故造成损失后得到经济补偿，而对工程进行投保所发生的保险费用。包括建筑安装工程一切险和第三者责任险。

2. 其他税费

其他税费指按国家规定应当缴纳的与工程建设有关的税费。

第五节　预备费及建设期融资利息

一、预备费

预备费包括基本预备费和价差预备费。

1. 基本预备费

基本预备费指为工程建设过程中预留的由于变更等因素发生的费用，包括由于设计变更、技术经济标准和政策性文件调整而增加的费用，工程遭受一般自然灾害造成的损失，预防自然灾害发生的措施费用，以及其他不可预见因素发生的费用。

2. 价差预备费

价差预备费指为工程建设过程中预留的由于价格上涨等因素发生的费用，包括人工工资、材料和设备价格上涨等因素发生的费用。

二、建设期融资利息

建设期融资利息指根据国家财政金融政策规定，工程在建设期内需偿还并应当计入工程总投资的融资利息。

第四章 编制方法及计算标准

第一节 基础单价编制

一、人工预算单价

根据人工费用构成，确定水利工程各工资区、各等级的人工预算单价计算标准，见表 4-1。

表 4-1 　　　　　　　　人工预算单价计算标准　　　　　单位：元/工时

类别与等级	一般地区	一类区	二类区	三类区	四类区	五类区 西藏二类区	六类区 西藏三类区	西藏四类区
枢纽工程								
工长	35.97	36.73	37.12	37.93	39.26	41.63	44.30	46.37
高级工	16.89	17.34	17.56	18.02	18.79	20.15	21.68	22.88
中级工	12.70	13.10	13.30	13.73	14.43	15.67	17.07	18.16
初级工	11.54	11.93	12.12	12.52	13.19	14.37	15.71	16.75
引水工程								
工长	30.62	31.39	31.78	32.58	33.92	36.29	38.95	41.03
高级工	14.98	15.43	15.65	16.11	16.88	18.24	19.77	20.97
中级工	11.74	12.15	12.35	12.77	13.47	14.72	16.12	17.21
初级工	10.97	11.36	11.55	11.95	12.62	13.80	15.14	16.18
河道工程								
工长	30.05	30.82	31.21	32.01	33.35	35.72	38.38	40.46
高级工	13.84	14.28	14.51	14.97	15.74	17.10	18.63	19.83
中级工	11.17	11.57	11.77	12.20	12.90	14.14	15.54	16.63
初级工	10.40	10.79	10.98	11.38	12.05	13.24	14.57	15.61

表 4-1 中人工预算单价与概算定额配套使用，用于编制设计概算。建设实施阶段，施工企业应当根据劳务工资有关规定，结合企业管理水平和市场情况，自行确定工人实际工资标准和投标人工单价。

根据有关工资制度，将水利工程人工工资区划分为一般地区、艰苦边远地区、西藏地区。一般地区指艰苦边远地区、西藏地区之外的地区。艰苦边远地区的工资区类别，执行原人事部、财政部《关于印发〈完善艰苦边远地区津贴制度实施方案〉的通知》（国人部发〔2006〕61 号）及各省（直辖市、自治区）关于艰苦边远地区津贴制度的实施意见，其一至六类区的类别划分内容见附录 9，执行时应当根据艰苦边远地区类别的最新文件进行调整。西藏自治区的工资区类别执行西藏特殊津贴制度相关文件规定，其二至四类区的划分内容见附录 9。

跨地区建设项目的人工预算单价按人工工时数量比例综合确定，也可以简化计算方式，根据工程规模或投资规模按比例综合确定，或者按主要建筑物所在地的人工预算单价。

二、材料预算价格

1. 主要材料预算价格

主要材料指占工程投资比例大的材料，一般包括柴油、汽油、水泥、钢筋、炸药、木材、粉煤灰，外购的砂、碎石、卵石等砂石料，外购的块石、料石等石料，安装工程的电缆、母线、轨道、钢板、输水管道等未计价装置性材料。主要材料类别可以根据工程实际情况进行调整。

主要材料预算价格计算公式为：

材料预算价格 =（材料原价 + 运杂费）×（1 + 采购及保管费率）+ 运输保险费

构成主要材料预算价格的材料原价和费用均不含增值税进项

税额。

（1）材料原价。采用主管部门发布或者价格信息发布的工程所在地材料价格。没有发布价时，结合设计要求，通过市场调查、询价或者分析论证同类工程合同价确定价格，采用不少于3个价格来源的平均值作为材料原价。

（2）运杂费。铁路运输按铁路行业现行《铁路货物运价规则》及有关规定计算其运杂费。公路及水路运输，按工程所在省、自治区、直辖市交通部门规定标准或市场调查标准计算。

（3）运输保险费。按工程所在省、自治区、直辖市或中国人民保险公司的有关规定计算。

（4）采购及保管费。以材料原价和运杂费之和为计算基数，按费率计算，采购及保管费率标准见表4-2。

表4-2 采购及保管费率表

序号	材料名称	费率（%）
1	钢筋	2
2	水泥、粉煤灰	3
3	其他材料	2.5

2. 次要材料预算价格

次要材料指数量少、占工程投资比例低的材料。次要材料预算价格采用主管部门发布或价格信息发布的价格，没有发布价时采用市场调查价格，价格不含增值税进项税额。

3. 材料基价

主要材料预算价格超过表4-3规定的限制价格（材料基价）时，应当按基价计入基本直接费并计取费用，预算价与基价的差值计入材料补差，材料补差列入工程单价税金之前，仅计取税金。

主要材料预算价格低于基价时，按预算价计入材料费。

计算施工电、水、风价格时，油料按预算价参与计算。

材料增值税税率变化时，材料基价不变。

表 4－3   材　料　基　价　表

序号	材料名称	单位	基价（元）	
			枢纽工程	引水及河道工程
1	柴油	t	4000	2500
2	汽油	t	4000	4000
3	钢筋	t	2000	2000
4	水泥	t	300	225
5	炸药	t	6000	6000
6	工业电子雷管	发	3	3
7	外购砂石料	m^3	40	40
8	外购石料	m^3	40	40

三、施工用电、水、风价格

1. 施工用电价格

施工用电价格由基本电价、电能损耗摊销费和供电设施维修摊销费组成。根据施工组织设计确定的供电方式，按照电网供电、柴油发电机供电等电源的电量比例综合计算施工用电价格。

（1）电网供电。电网供电价格根据工程所在地区用电政策确定，国家发展改革委有关规定见附录8。

采用单一制电价的，基本电价根据施工用电电压等级，按规定的电量电价和加价进行计算。价格不含增值税进项税额。

电价计算公式为：

电网供电价格＝基本电价÷(1－35kV 及以上高压输电线路损耗率)

÷(1－35kV 以下变配电设备及配电线路损耗率)

＋供电设施维修摊销费

采用两部制电价的，电量电价计算方法与单一制电价一致。容（需）量电费按规定的容（需）量电价，根据施工组织设计确定的施工用电电压等级、用电容（需）量进行计算，费用在施工供电工程计列。

（2）柴油发电机供电。采用自设水泵供冷却水的电价计算公式为：

$$\begin{aligned}\text{柴油发电机供电价格}\atop\text{（自设水泵供冷却水）}=\frac{\text{柴油发电机}\atop\text{组(台)时总费用}+\text{水泵}\atop\text{组(台)时总费用}}{\text{柴油发电机额定容量之和}\times K}\end{aligned}$$

÷(1－厂用电率)

÷(1－变配电设备及配电线路损耗率)

＋供电设施维修摊销费

不设水泵，采用循环冷却水的电价计算公式为：

$$\begin{aligned}\text{柴油发电机供电价格}\atop\text{（循环冷却水）}=\frac{\text{柴油发电机组(台)时总费用}}{\text{柴油发电机额定容量之和}\times K}\end{aligned}$$

÷(1－厂用电率)

÷(1－变配电设备及配电线路损耗率)

＋单位循环冷却水费

＋供电设施维修摊销费

式中　K——发电机出力系数，取 0.80～0.85；

厂用电率取 3%～5%；

高压输电线路损耗率取 3%～5%；

变配电设备及配电线路损耗率取 4%～7%；

供电设施维修摊销费取 0.04～0.05 元/(kW·h)；

单位循环冷却水费取 0.05～0.07 元/(kW·h)。

2. 施工用水价格

施工用水价格由基本水价、供水损耗和供水设施维修摊销费组成，根据施工组织设计确定的供水系统的设备组（台）时总费用和组（台）时总有效供水量计算。水价计算公式为：

$$施工用水价格 = \frac{水泵组(台)时总费用}{水泵额定容量之和 \times K}$$
$$\div(1-供水损耗率)$$
$$+供水设施维修摊销费$$

式中　K——能量利用系数，取 0.75～0.85；

供水损耗率取 6%～10%；

供水设施维修摊销费取 0.04～0.05 元/m³。

水价计算有关要求如下：

（1）施工用水为多级提水并且中间有分流时，应当逐级计算水价。

（2）施工用水有循环用水时，应当根据施工供水工艺流程计算。

（3）砂石料加工系统施工用水量较大单独设置供水系统时，宜单独计算水价。

（4）施工采用自来水时，其价格为不含增值税进项税额的价格。

3. 施工用风价格

施工用风价格由基本风价、供风损耗和供风设施维修摊销费组成，根据施工组织设计确定的空气压缩机系统的设备组（台）时总费用和组（台）时总有效供风量计算。风价计算公式为：

$$施工用风价格 = \frac{空气压缩机组(台)时总费用 + 水泵组(台)时总费用}{空气压缩机额定容量之和 \times 60分钟 \times K}$$
$$\div(1-供风损耗率)$$
$$+供风设施维修摊销费$$

空气压缩机系统如采用循环冷却水，不用水泵，则风价计算
公式为：

$$施工用风价格 = \frac{空气压缩机组（台）时总费用}{空气压缩机额定容量之和 \times 60 分钟 \times K}$$
$$\div（1 - 供风损耗率）$$
$$+ 单位循环冷却水费$$
$$+ 供风设施维修摊销费$$

式中　K——能量利用系数，取 0.70～0.85；

供风损耗率取 6%～10%；

单位循环冷却水费取 0.007 元/m³；

供风设施维修摊销费取 0.004～0.005 元/m³。

四、施工机械台时费

施工机械台时费应当根据《水利工程施工机械台时费定额》及
有关规定计算。台时费定额缺项时，可以编制台时费补充定额。

五、砂石料单价

工程设计要求使用开采加工的砂石料时，应当根据料源情
况、开采条件和工艺流程分析计算砂石料单价。

加工砂石料单价包含其他直接费、间接费、利润及税金。参
与工程费用计算时，砂石料单价应当扣除按增值税税率计算的
税金。

六、混凝土材料单价

根据设计确定的不同工程部位的混凝土强度等级、抗冻抗渗
等级、级配和龄期，分别计算混凝土材料单价。

混凝土配合比的各项材料用量，应当根据工程试验提供的资

料计算，若无试验资料时，可以参照《水利建筑工程概算定额》附录的混凝土材料配合表计算。

采用商品混凝土时，其价格为不含增值税进项税额的价格，并按基价 200 元/m³ 计入基本直接费，预算价格与基价的差值计入材料补差，材料补差计列在工程单价的税金之前，仅计取税金。商品混凝土增值税税率变化时，基价不变。

第二节　建筑、安装工程单价编制

一、建筑工程单价

1. 直接费

（1）基本直接费。

人工费＝定额劳动量（工时）×人工预算单价（元/工时）

材料费＝定额材料用量×材料预算价格（或材料基价）

机械使用费＝定额机械使用量（台时）×施工机械台时费（元/台时）

（2）其他直接费。

其他直接费＝基本直接费×其他直接费费率之和

2. 间接费

间接费＝直接费×间接费费率

3. 利润

利润＝（直接费＋间接费）×利润率

4. 材料补差

材料补差＝材料消耗量×（材料预算价格－材料基价）

5. 未计价材料费

未计价材料费＝未计价材料用量×材料预算价格

6. 税金

税金＝（直接费＋间接费＋利润＋材料补差＋未计价材料
费）×税率

7. 建筑工程单价

建筑工程单价＝直接费＋间接费＋利润＋材料补差＋未计价
材料费＋税金

二、安装工程单价

（一）实物量形式的安装工程单价

1. 直接费

（1）基本直接费。

人工费＝定额劳动量（工时）×人工预算单价（元／工时）

材料费＝定额材料用量×材料预算价格（或材料基价）

机械使用费＝定额机械使用量（台时）×施工机械台时费（元／台时）

（2）其他直接费。

其他直接费＝基本直接费×其他直接费费率之和

2. 间接费

间接费＝人工费×间接费费率

3. 利润

利润＝（直接费＋间接费）×利润率

4. 材料补差

材料补差＝材料消耗量×（材料预算价格－材料基价）

5. 未计价装置性材料费

未计价装置性材料费＝未计价装置性材料用量×材料预算
价格

6. 税金

税金＝(直接费＋间接费＋利润＋材料补差＋未计价装置性材料费)×税率

7. 安装工程单价

单价＝直接费＋间接费＋利润＋材料补差＋未计价装置性材料费＋税金

(二) 费率形式的安装工程单价

1. 直接费 (％)

(1) 基本直接费 (％)。

人工费(％)＝定额人工费(％)

材料费(％)＝定额材料费(％)

装置性材料费(％)＝定额装置性材料费(％)

机械使用费(％)＝定额机械使用费(％)

(2) 其他直接费。

其他直接费(％)＝基本直接费(％)×其他直接费费率之和(％)

2. 间接费 (％)

间接费(％)＝人工费(％)×间接费费率(％)

3. 利润 (％)

利润(％)＝[直接费(％)＋间接费(％)]×利润率(％)

4. 税金 (％)

税金(％)＝[直接费(％)＋间接费(％)＋利润(％)]×税率(％)

5. 安装工程单价

单价(％)＝直接费(％)＋间接费(％)＋利润(％)＋税金(％)

单价＝设备原价×单价(％)

三、其他直接费

1. 冬雨季施工增加费

根据工程所在的不同地区，以基本直接费为计算基数，按费率计算。费率标准如下：

西南区、中南区、华东区	0.5%～1.0%
华北区	1.0%～2.0%
西北区、东北区	2.0%～4.0%
西藏自治区	2.0%～4.0%

西南区、中南区、华东区中，按规定不计冬季施工增加费的地区取小值，计算冬季施工增加费的地区可以取大值；华北区中，内蒙古等较严寒地区可以取大值，其他地区取中值或小值；西北区、东北区中，陕西、甘肃等省取小值，其他地区可以取中值或大值。各区包括的省级行政区如下：

（1）华北区：北京、天津、河北、山西、内蒙古。

（2）东北区：辽宁、吉林、黑龙江。

（3）华东区：上海、江苏、浙江、安徽、福建、江西、山东。

（4）中南区：河南、湖北、湖南、广东、广西、海南。

（5）西南区：重庆、四川、贵州、云南。

（6）西北区：陕西、甘肃、青海、宁夏、新疆。

2. 夜间施工增加费

以基本直接费为计算基数，按费率计算。费率标准如下：

（1）枢纽工程为 0.5%。

（2）引水工程为 0.3%。

（3）河道工程为 0.2%。

3. 特殊地区施工增加费

特殊地区施工增加费指在高海拔、原始森林、沙漠等特殊地区施工而增加的费用，其中高海拔地区施工增加费已计入定额，其他特殊增加费应当按工程所在地区规定标准计算，地方没有规定的一般不计此项费用。

4. 临时设施费

以基本直接费为计算基数，按费率计算。费率标准如下：

(1) 枢纽工程为 4.0%。

(2) 引水工程为 2.5%～3.5%。一般引水工程取中值，隧洞、渡槽等建筑物较多的引水工程、施工条件复杂的引水工程取大值，施工条件简单的引水工程取小值。

(3) 河道工程为 0.8%～1.0%。一般河道工程取中值，施工条件复杂的河道工程取大值，田间工程取小值。

5. 其他

以基本直接费为计算基数，按费率计算。费率标准如下：

(1) 枢纽工程为 1.5%。

(2) 引水工程为 0.8%～1.2%。一般引水工程取中值，隧洞、渡槽等建筑物较多的引水工程及施工条件复杂的引水工程取大值，施工条件简单的引水工程取小值。

(3) 河道工程为 0.4%～0.6%。一般河道工程取中值，施工条件复杂的河道工程取大值，田间工程取小值。

6. 砂石备料工程、掘进机施工隧洞工程其他直接费

以基本直接费为计算基数，按费率计算。费率标准如下：

(1) 砂石备料工程为 0.5%。

(2) 掘进机施工隧洞工程。土石方类工程、钻孔灌浆及锚固类工程费率为 2%～3%。敞开式掘进机取小值，其他掘进机取大值。

四、间接费

以直接费或人工费为计算基数，按费率计算。根据工程性质不同，费率标准划分为枢纽工程、引水工程、河道工程三类，见

表4-4。

表4-4　　　间接费费率表

序号	工程类别	计算基础	间接费费率（%）		
			枢纽工程	引水工程	河道工程
一	建筑工程				
1	土方工程	直接费	26	18～24	10～12
2	石方工程	直接费	26	18～24	10～12
3	砌筑工程	直接费	10	6～8	5～6
4	混凝土浇筑工程	直接费	26	18～24	10～12
5	模板工程	直接费	16	10～14	7～8
6	钢筋工程	直接费	4	4	4
7	砂石备料工程	直接费	6	6	6
8	钻孔灌浆工程	直接费	8	5～6	4
9	锚固工程	直接费	14	10～12	7～8
10	掘进机施工隧洞工程	直接费	3	3	3
11	疏浚工程	直接费	6	6	5～6
12	其他工程	直接费	12	10～12	4～5
二	安装工程				
1	设备安装工程	人工费	70	60	60
2	管道安装工程	人工费	70	60	60

引水工程：一般引水工程取小值，隧洞、渡槽等建筑物较多的引水工程及施工条件复杂的引水工程取大值。

河道工程：一般河道工程取大值，田间工程取小值。

1. 建筑工程类别划分

（1）土方工程。包括土方明挖、土方洞挖（不含掘进机开挖）、土方填筑等。

（2）石方工程。包括石方明挖、石方洞挖（不含掘进机开挖）、石方填筑等。

（3）砌筑工程。包括砌石、抛石、石笼等。

（4）混凝土浇筑工程。包括现浇混凝土、砌筑或安装预制混凝土，以及伸缩缝、止水、防水层、温控措施等。

（5）模板工程。包括现浇各种混凝土时制作及安装的各类模板工程。

（6）钢筋工程。包括钢筋、钢筋网、钢拱架、钢筋笼的制作与安装工程等。

（7）砂石备料工程。包括天然砂砾料和人工砂石料的开采加工。

（8）钻孔灌浆工程。包括各种类型的钻孔、灌浆工程，以及地下连续墙、防渗墙、灌注桩、碎石桩、搅拌桩等基础处理工程。

（9）锚固工程。包括喷混凝土、喷水泥浆、锚索、锚杆、锚筋桩，以及小导管、管棚制作与安装、注浆等锚固类工程。

（10）掘进机施工隧洞工程。指掘进机施工土石方类工程、钻孔灌浆及锚固类工程等，包括掘进机开挖、灌浆、注浆、喷混凝土、锚杆、钢筋网、钢拱架、钢筋排等。

（11）疏浚工程。指用挖泥船、水力冲挖机组等机械疏浚江河、湖泊的工程。

（12）其他工程。指上述十一类工程以外的工程。

2. 安装工程类别划分

（1）设备安装。包括机电、金属结构、输水管线等各类设备的安装工程。

（2）管道安装。包括输水管线各类管道、管件、管道附件的安装工程。

五、利润

按直接费和间接费之和的7%计算。

六、税金

按照建筑、安装工程单价的税金计算公式计算。税率为建筑业增值税税率。

现行建筑业增值税税率为9%，税率变化时，应当根据国家财政税务主管部门发布的文件适时调整。

第三节　工程各部分概算编制

按照工程部分概算组成，分别编制建筑工程、机电设备及安装工程、金属结构设备及安装工程、输水管线设备及安装工程、施工临时工程、独立费用等第一至第六部分概算。

第一部分　建　筑　工　程

建筑工程按主体建筑工程、交通工程、房屋建筑工程、供电设施工程、数字孪生设施工程、其他建筑工程等项目，分别采用相应的编制方法。

一、主体建筑工程

（1）主体建筑工程概算按设计工程量乘以建筑工程单价进行编制。

（2）设计工程量依据设计工程量成果报告确定，按项目组成和项目划分（表2-1～表2-6）要求列示工程项目清单。

（3）建筑工程单价应当依据《水利建筑工程概算定额》计算。定额缺项时，可以根据工程实际情况编制补充定额或造价指标。

（4）工程涉及其他行业时，可以依据相关行业编制规定和定额编制专项工程概算。

（5）当设计对混凝土施工有温控要求时，温控措施费应当根据温控措施设计进行计算，也可以按建筑物混凝土工程量乘以分析确定的单位造价指标进行计算。

（6）细部结构工程。包括多孔混凝土排水管、止水工程（面板坝除外）、伸缩缝工程、接缝灌浆管路、冷却水管路、栏杆、照明设施、爬梯、通气管道、排水工程（坝基渗水处理、排水管、坝体及厂房排水沟等）、排水渗井钻孔及反滤料、坝坡踏步、孔洞钢盖板、厂房内上下水工程、防潮层、建筑钢材及其他细部结构工程。

水工建筑物根据表 4-5 的工程类别、细部结构指标确定细部结构工程投资。细部结构工程的部分项目单独计列投资时，指标相应核减。

表 4-5　　　　　　　　水工建筑物细部结构指标表

工程类别	混凝土重力坝、重力拱坝、宽缝重力坝、支墩坝		混凝土双曲拱坝	土坝、堆石坝	水闸	冲沙闸、泄水闸
单位	元/m³（坝体方方）				元/m³（混凝土）	
综合指标	16.5		17.5	1.2	49	43
工程类别	进水口、进水塔		溢洪道	隧洞	竖井、调压井	高压管道
单位	元/m³（混凝土）					
综合指标	19.5		18.5	18	19	4
工程类别	电（泵）站地面厂房	电（泵）站地下厂房	船闸	倒虹吸、暗渠	渡槽	明渠（衬砌）
单位	元/m³（混凝土）					
综合指标	38	58	30.5	17.7	54	8.45

注　表中综合指标仅包括基本直接费，另计其他直接费、间接费、利润、税金。

二、交通工程

交通工程概算按设计工程量乘以工程单价进行编制，或者按工程长度（或面积）乘以单位造价指标编制。单位造价指标可以采用工程所在地区造价指标，也可以采用根据同类工程实际资料、结合工程具体情况分析论证得到的扩大单位指标。设计深度满足相关行业初步设计阶段要求时，也可以依据相关行业编制规定和定额编制专项工程概算。

三、房屋建筑工程

1. 永久房屋建筑

（1）辅助生产用房、办公用房投资一般按建筑面积乘以单位造价指标计算。建筑面积根据工程管理设计确定，单位造价指标根据建筑所在地的同类工程造价指标确定。

（2）值班宿舍及文化福利建筑的建筑面积根据工程管理设计确定，投资以主体建筑工程投资为计算基数，按费率计算。费率标准如下：

枢纽工程

投资≤50000 万元	1.0%～1.5%
50000 万元＜投资≤100000 万元	0.8%～1.0%
投资＞100000 万元	0.5%～0.8%
引水工程	0.4%～0.6%

（注：投资小或工程位置偏远者取大值，反之取中值或小值。）

（3）续建、改建、扩建及除险加固工程（含枢纽、引水、河道工程）应当结合现有房屋及其使用情况，根据工程管理设计确定的建设内容与规模、建设方案计算永久房屋建筑投资。

（4）田间工程根据工程管理设计确定的建设内容与规模，按建筑面积乘以单位造价指标计算永久房屋建筑投资。

2.室外工程

室外工程投资一般按房屋建筑工程投资的 15%~20% 计算，室外工程建设条件复杂的项目也可以逐项分析计算。

四、供电设施工程

永久供电工程概算按工程长度（或容量）乘以单位造价指标编制。单位造价指标可以按照设计确定的电压等级、线路架设方式、变配电设备类别，采用工程所在地区造价指标或根据同类工程实际资料分析论证得到的扩大单位指标。设计深度满足电力行业初步设计阶段要求时，也可以依据电力行业编制规定和定额编制专项工程概算。

永久供电工程按照项目划分要求列项，属于建筑工程性质的项目列入供电设施工程，属于设备及安装工程性质的项目列入机电设备及安装工程的供电设备及安装工程。

五、数字孪生设施工程

数字孪生工程包括信息基础设施、数字孪生平台、网络安全和数据安全系统、工程管理业务应用系统。其中信息基础设施包含监测感知系统、通信网络系统、自动化控制系统、信息基础环境等。监测感知系统指雨水情监测预报（水文自动测报、测雨雷达系统）、工程安全监测、运行视频监视等系统项目；自动化控制系统指电站（泵站、水闸）计算机监控等工业控制系统、设备状态在线监测系统等项目；信息基础环境指计算存储能力建设、集控中心和机房（数据中心）环境建设、调度中心会商能力建设等项目。数字孪生平台包含数据底板、模型平台和知识平台等项目，或者数据资源、应用支撑等项目。

数字孪生工程按照项目划分和设计要求列项，属于建筑工程性质的项目列入数字孪生设施工程，属于设备及安装工程性质的项目、开发或购置软件列入机电设备及安装工程的数字孪生设备及安装工程。

数字孪生设施包括雨水情监测预报设施、工程安全监测设施、通信网络设施、信息基础环境设施等。数字孪生设备包括雨水情监测预报设备、工程安全监测设备、运行视频监视设备、通信网络设备、自动化控制系统、信息基础环境设备、数字孪生平台、网络安全和数据安全系统、工程管理业务应用系统等。应当根据设计要求确定数字孪生工程项目内容，逐项分析计算确定投资，其中雨水情监测预报系统、工程安全监测系统、计算机监控系统等项目也可以根据设计内容另行列项，将设施项目计入其他建筑工程、设备项目列入公用设备及安装工程。

1. 雨水情监测预报系统设施工程

雨水情监测预报系统包括测雨雷达系统、雨量站、水位站、水文站等。

雨水情监测预报系统设施项目列入建筑工程，仪器设备项目列入机电设备及安装工程。设施投资按设计工程量乘以单价计算，仪器设备投资按设备数量乘以设备价格计算。

2. 工程安全监测系统设施工程

工程安全监测系统包括变形监测、渗流渗压监测、应力应变及温度监测、环境量监测、水力学监测、安全监测现地自动化系统等。

工程安全监测系统设施包括开挖填筑、钻孔注浆、监测房等项目，列入建筑工程。工程安全监测系统仪器设备包括全站仪、水准仪、位移计、渗压计、钢筋计、应力计、数据采集装置（MCU）等项目，列入机电设备及安装工程。

设施投资按设计工程量乘以单价计算，仪器设备投资按设备数量乘以设备价格计算。

六、其他建筑工程

其他建筑工程概算应当根据设计要求列项，按设计工程量乘以单价编制，也可以采用造价指标编制。

第二部分　机电设备及安装工程

机电设备及安装工程根据项目组成和项目划分，逐项分别计算设备费和安装工程费。

一、设备费

设备费一般按设备数量乘以设备价格计算。

设备价格包括设备原价、运杂费、运输保险费、采购及保管费。

1. 设备原价

设备原价采用主管部门发布或者价格信息发布的工程所在地设备价格。没有发布价时，通过市场调查、询价或者分析论证同类工程合同价确定价格。

主要设备依据询价报价或合同价确定价格时，应当不少于 3 个价格来源，以其平均值作为设备价格。主要设备指水轮机、发电机、主阀、桥机、主变压器、水泵、电动机、测雨雷达等机电设备，闸门、启闭设备等金属结构设备，管线主要阀门等输水管线设备，以及其他投资比例高的设备。

2. 运杂费

包括主要设备运杂费和其他设备运杂费，均以设备原价为计算基数，按费率计算。

（1）主要设备运杂费率，见表 4 - 6。

设备由铁路直达或铁路、公路联运时，分别按里程求得费率后叠加计算；如果设备由公路直达，应当按公路里程计算费率后，再加公路直达基本费率。

表 4-6 主要设备运杂费率表

设备分类	费率（%）				公路直达基本费率（%）
	铁路		公路		
	基本运距 1000km	每增运 500km	基本运距 100km	每增运 20km	
水轮发电机组、水泵电机机组、测雨雷达	2.21	0.30	1.06	0.15	1.01
主阀、桥机、闸门、启闭设备、管线阀门	2.99	0.50	1.85	0.20	1.33
主变压器					
120000kVA 及以上	3.50	0.40	2.80	0.30	1.20
120000kVA 以下	2.97	0.40	0.92	0.15	1.20

（2）其他设备运杂费率，见表 4-7。

表 4-7 其他设备运杂费率表

类别	适 用 地 区	费率（%）
Ⅰ	北京、天津、上海、江苏、浙江、江西、安徽、湖北、湖南、河南、广东、山西、山东、河北、陕西、辽宁、吉林、黑龙江	3～5
Ⅱ	甘肃、云南、贵州、广西、四川、重庆、福建、海南、宁夏、内蒙古、青海	5～7

工程地点距铁路线近者，费率取小值，远者取大值。新疆、西藏地区的设备运杂费率可以结合项目情况另行确定。

3. 运输保险费

按有关规定计算。

4. 采购及保管费

按设备原价、运杂费之和的 0.7% 计算。

5. 运杂综合费率

运杂综合费率＝运杂费率＋（1＋运杂费率）×采购及保管费率＋运输保险费率

上述运杂综合费率，适用于计算国产设备运杂费。进口设备的国内段运杂综合费率，按国产设备运杂综合费率乘以同等（或相当）国产设备原价与进口设备原价的比值。

6. 交通工具购置费

交通工具指建设项目的生产管理单位在运行初期为保证运行需要配备的车辆和船只。交通工具数量依据工程管理设计确定，设备价格根据市场情况、结合国家有关政策确定。

二、安装工程费

（1）安装工程费按设备数量乘以安装工程单价计算，或者按设备费乘以费率计算。不需要安装的设备不计安装工程费。

（2）安装工程单价应当依据《水利设备安装工程概算定额》计算。定额缺项时，可以根据工程实际情况编制补充定额或造价指标。

第三部分　金属结构设备及安装工程

编制方法同第二部分　机电设备及安装工程。

第四部分　输水管线设备及安装工程

编制方法同第二部分　机电设备及安装工程。

管线各类阀门投资计入设备费。管道、管件作为未计价装置性材料，其投资计入安装工程费。

第五部分　施工临时工程

施工临时工程按导流工程、施工交通工程、施工专项工程、施工场外供电工程、施工房屋建筑工程、其他施工临时工程等项目，分别采用相应的编制方法。

一、导流工程

导流工程概算按设计工程量乘以工程单价进行编制。

二、施工交通工程

施工交通工程概算按设计工程量乘以工程单价进行编制，或者按工程长度（或面积）乘以单位造价指标编制。单位造价指标采用工程所在地造价指标或根据同类工程实际资料、结合工程具体情况分析得到的扩大单位指标。设计深度满足相关行业初步设计阶段要求时，也可以依据相关行业编制规定和定额编制专项工程概算。

施工支洞、施工工作井（竖井、斜井）概算编制方法与主体工程一致。

三、施工专项工程

（1）缆机平台。按设计工程量乘以工程单价进行编制。

（2）掘进机专项临时设施。按设计工程量乘以工程单价进行编制，或者根据工程实际资料，采用造价指标编制。

（3）施工期通航工程。按设计工程量乘以工程单价进行编制，或者根据工程实际资料采用造价指标编制，也可以结合水运行业有关规定编制。

（4）料场防护工程。按设计工程量乘以工程单价进行编制。

（5）施工安全生产专项。按建筑安装工程费（不包括施工安全生产专项、施工场外供电工程、施工房屋建筑工程、其他施工临时工程）乘以（1＋其他施工临时工程费率）的 2.5％计算。

四、施工场外供电工程

施工场外供电工程概算按工程长度（或容量）乘以单位造价指标编制。单位造价指标按照设计确定的电压等级、线路架设方式、变电设备规格等，采用工程所在地造价指标或根据同类工程实际资料、结合工程具体情况分析论证得到的扩大单位指标。设计深度满足电力行业初步设计阶段要求时，也可以依据电力行业编制规定和定额编制专项工程概算。

五、施工房屋建筑工程

1. 施工仓库

施工仓库投资按建筑面积乘以单位造价指标计算。建筑面积根据施工组织设计确定，单位造价指标根据当地相应建筑的造价水平确定。

2. 施工办公、生活及文化福利建筑

（1）枢纽工程，按下列公式计算：

$$I = \frac{A \cdot U \cdot P}{N \cdot L} \cdot K_1 \cdot K_2 \cdot K_3$$

式中　I——施工办公、生活及文化福利建筑工程投资；

　　　A——建安工作量，按建筑安装工程费（不包括施工办公、生活及文化福利建筑和其他施工临时工程）乘以（1＋其他施工临时工程费率）计算；

　　　U——人均建筑面积综合指标，按 $12\sim15\mathrm{m}^2/$ 人计算。大（1）型工程取大值，大（2）型工程取小值；

　　　P——单位造价指标，按工程所在地的永久房屋单位造价指标（元/m^2）；

　　　N——施工年限，按施工组织设计确定的合理工期计算；

　　　L——全员劳动生产率，一般按 80000～120000 元/（人·年）。施工条件复杂的工程取小值，施工条件简单的工程取大值；

　　　K_1——施工高峰人数调整系数，取 1.10；

　　　K_2——室外工程系数，取 1.10～1.15。房屋选址的建设条件复杂的工程取大值，反之取小值；

K_3——单位造价指标调整系数，按不同施工年限，采用表4-8中的调整系数。

表4-8　　　　　　单位造价指标调整系数表

工期（年）	系数	工期（年）	系数
≤2	0.25	5～8	0.70
2～3	0.40	8～11	0.80
3～5	0.55		

（2）引水工程，以建筑安装工程费（不包括施工办公、生活及文化福利建筑和其他施工临时工程）为计算基数，按表4-9的费率标准计算。

表4-9　　　　　引水工程施工房屋建筑工程费率表

工期（年）	费率（%）
≤3	1.5～2.0
＞3	1.0～1.5

一般引水工程取小值，隧洞、渡槽等建筑物较多的引水工程及施工条件复杂的引水工程取大值。

掘进机施工隧洞工程按表4-9的费率标准乘以0.5调整系数。

（3）河道工程，以建筑安装工程费（不包括施工办公、生活及文化福利建筑和其他施工临时工程）为计算基数，按表4-10的费率标准计算。

表4-10　　　　河道工程施工房屋建筑工程费率表

工期（年）	费率（%）
≤3	1.5～2.0
＞3	1.0～1.5

施工条件复杂的工程取大值,施工条件简单的工程取小值。

六、其他施工临时工程

以建筑安装工程费(不包括其他施工临时工程)为计算基数,按费率计算。费率标准如下:

(1)枢纽工程为 3.5%~4.5%。大(1)型工程取大值,其他工程根据施工条件复杂程度取中值或小值。

(2)引水工程为 3.0%~3.5%。一般引水工程取小值,隧洞、渡槽等建筑物较多的引水工程及施工条件复杂的引水工程取大值。

(3)河道工程为 0.5%~1.5%。一般河道工程取中值,建筑物较多、施工排水量大或施工条件复杂的河道工程取大值,田间工程取小值。

第六部分 独 立 费 用

独立费用按建设管理费、工程建设监理费、生产准备费、科研勘测设计费、其他等项目,分别采用相应的编制方法。

一、建设管理费

(一)枢纽工程

枢纽工程建设管理费以建筑安装工程费为计算基数,按表 4-11 的费率标准,以超额累进方法计算。

表 4-11 枢纽工程建设管理费费率表

建筑安装工程费(万元)	费率(%)	辅助参数(万元)
≤50000	4.5	0
50000~100000	3.5	500
100000~200000	2.5	1500
200000~500000	1.8	2900
>500000	0.6	8900

上述计算方法也可以简化，简化计算公式为：建筑安装工程费×该档费率＋辅助参数（下同）。

（二）引水工程

引水工程建设管理费以建筑安装工程费为计算基数，按表4-12的费率标准，以超额累进方法计算。按整体工程投资统一计算，工期长或工程规模较大时可以分段计算。

表4-12　　　　引水工程建设管理费费率表

建筑安装工程费（万元）	费率（%）	辅助参数（万元）
≤50000	4.2	0
50000~100000	3.1	550
100000~200000	2.2	1450
200000~500000	1.6	2650
>500000	0.5	8150

（三）河道工程

河道工程建设管理费以建筑安装工程费为计算基数，按表4-13的费率标准，以超额累进方法计算。按整体工程投资统一计算，工程规模较大时可以分段计算。

表4-13　　　　河道工程建设管理费费率表

建筑安装工程费（万元）	费率（%）	辅助参数（万元）
≤10000	3.5	0
10000~50000	2.4	110
50000~100000	1.7	460
100000~200000	0.9	1260
200000~500000	0.4	2260
>500000	0.2	3260

二、工程建设监理费

（1）施工监理费。参照国家发展改革委、建设部《建设工程监理与相关服务收费管理规定》（发改价格〔2007〕670 号）计算。详见附录 2。

（2）设备制造监理费。根据《水利工程建设监理规定》，对水利工程的发电机组、水轮机组、水泵电动机组及其附属设施，以及闸门、压力钢管、拦污设备、起重设备等实行制造监理。详见附录 3。

设备制造监理费按相关设备费的 0.4％～0.7％计算。枢纽工程取大值，引水工程取中值，河道工程取小值。

三、生产准备费

1. 生产及管理单位提前进厂费

按建筑安装工程费的 0.15％～0.35％计算。

枢纽工程取大值；一般引水工程取中值，工期长或施工条件复杂的引水工程取大值；河道工程取小值。除险加固工程（含枢纽、引水、河道）、田间工程原则上不计此项费用。

2. 生产职工培训费

按建筑安装工程费的 0.35％～0.55％计算。

枢纽工程取大值；一般引水工程取中值，工期长或施工条件复杂的引水工程取大值；河道工程取小值。田间工程不计此项费用。

3. 管理用具购置费

以建筑安装工程费为计算基数，按费率计算。费率标准如下：

（1）枢纽工程为 0.04％～0.06％。大（1）型工程取小值，大（2）型工程取大值。

（2）引水工程为 0.03％。

（3）河道工程为 0.02％。

4. 备品备件购置费

按设备费的 0.4％～0.6％计算。

枢纽工程：大（1）型工程取小值，大（2）型工程取中值。引水工程、河道工程取大值。

注：

（1）设备费应当包括机电设备、金属结构设备、输水管线设备以及运杂费等全部设备费。

（2）电站、泵站同容量、同型号机组超过一台时，只计算一台的设备费。

5. 工器具及生产家具购置费

按设备费的 0.1％～0.2％计算。

枢纽工程：大（1）型工程取小值，大（2）型工程取中值。引水工程、河道工程取大值。

6. 联合试运转费

费用指标见表 4-14。

表 4-14　　　　　联合试运转费用指标表

工程类别	计算基础	费用标准										
水电站工程	单机容量（MW）	≤10	≤20	≤30	≤40	≤50	≤60	≤100	≤200	≤300	≤400	>400
	费用（万元/台）	6	8	10	12	14	16	18	22	24	32	44
泵站工程	装机容量（MW）	5 万～6 万元/MW										
引水工程	建筑安装工程费	0.015％～0.035％										

枢纽工程：大（1）型工程取小值，大（2）型工程取大值。

引水工程：一般引水工程取中值，工期长或施工条件复杂的引水工程取大值，施工条件简单的引水工程取小值。

四、科研勘测设计费

1. 工程科学研究试验费

以建筑安装工程费为计算基数，按费率计算。费率标准如下：

（1）枢纽工程为 0.7%。

（2）引水工程为 0.5%～0.7%。灌区改造工程取小值，其他工程取大值。

（3）河道工程为 0.3%。

田间工程一般不计此项费用。

2. 工程勘测设计费

项目建议书、可行性研究报告阶段的勘测设计费按照可行性研究报告的批复费用计列。

初步设计、招标设计及施工图设计阶段的勘测设计费参照《国家计委、建设部关于发布〈工程勘察设计收费管理规定〉的通知》（计价格〔2002〕10号）计算。详见附录6。

按上述标准计算的工程勘测设计费包括为勘测设计工作服务的常规科研试验费、技术咨询费等。

根据工程类别、建设条件、工程规模、方案论证、建设内容、投资额度等工程特征，结合勘测设计工作实施计划和开展情况，分析论证勘测设计费基价、专业调整系数、工程复杂程度调整系数、附加调整系数等内容，分阶段计算勘测费、设计费。勘测设计费分析论证过程应当形成计算书并汇入概算文件。

五、其他

1. 工程保险费

按一至五部分投资合计的 0.45%～0.5%计算。

2. 其他税费

按国家有关规定计取。

第四节 分年度投资及资金流量

一、分年度投资

分年度投资是根据施工组织设计确定的施工进度和合理工期计算出的工程各年度预计完成的投资额。

1. 建筑安装工程

（1）主要工程应当根据施工进度安排，按各单项工程分年度完成的工程量和相应的工程单价计算分年度投资。其他工程可以根据施工进度安排按各年度所占完成投资的比例，摊入分年度投资表。

（2）建筑安装工程分年度投资表，项目划分可以根据项目情况列示至一级项目或二级项目。

2. 设备

根据设备购置进度安排，计算各年度计划完成的设备费。

3. 独立费用

根据独立费用性质和发生时段，分别计算各项费用的分年度投资。

二、资金流量

资金流量是为满足工程项目在建设过程中各时段的资金需

求，按资金投入时间计算的年度资金使用量。依据分年度投资表编制资金流量表，按建筑安装工程、设备和独立费用三种类型分别计算资金流量。本资金流量计算办法用于初步设计概算。

1. 建筑安装工程资金流量

（1）建筑安装工程可以根据分年度投资表的项目划分，以各年度建筑安装工程费作为计算资金流量的依据。

（2）资金流量是在分年度投资的基础上，考虑预付款、预付款的扣回、保留金和保留金的偿还等编制出的分年度资金安排。

（3）预付款一般可以划分工程预付款和工程材料预付款两部分。

1）工程预付款按划分的单个工程项目的建筑安装工程费的10％～20％计算，工期在 3 年以内的工程全部安排在第 1 年，工期在 3 年以上的可以安排在前两年。工程预付款的扣回从完成建筑安装工程费的 30％起开始，按完成建筑安装工程费的 20％～30％扣回至预付款全部回收完毕为止。

对于需要购置特殊施工机械设备或施工难度较大的项目，工程预付款可以取大值，其他项目取中值或小值。

2）工程材料预付款。水利工程一般规模较大，所需材料的种类及数量较多，提前备料所需资金较大，因此考虑向施工企业支付一定数量的材料预付款。可以按分年度投资中次年完成建筑安装工程费的 20％在本年提前支付，并于次年扣回，以此类推，直至本项目竣工。

（4）保留金。水利工程的保留金，按建筑安装工程费的2.5％计算。在资金流量计算时，按分项工程分年度完成建筑安装工程费的 5％扣留至该项工程全部建筑安装工程费的 2.5％时终止（即完成建筑安装工程费的 50％时），并将所扣的保留金100％计入该项工程终止后一年（如该年已超出总工期，则此项保留金计入工程的最后一年）的资金流量表内。

2. 设备资金流量

设备购置资金流量计算，划分为主要设备和其他设备两种类型分别计算。

（1）主要设备。主要设备资金流量按设备到货周期确定各年资金流量比例，具体比例见表 4-15。

表 4-15　　　　　　　　主要设备资金流量比例表

年份 到货周期	第 1 年	第 2 年	第 3 年	第 4 年	第 5 年	第 6 年
1 年	15%	75%①	10%			
2 年	15%	25%	50%①	10%		
3 年	15%	25%	10%	40%①	10%	
4 年	15%	25%	10%	10%	30%①	10%

①数据的年份为设备到货年份。

（2）其他设备。其他设备资金流量按到货前一年预付 15% 定金，到货年支付 85% 的剩余价款。

3. 独立费用资金流量

独立费用资金流量主要是勘测设计费的支付方式应当考虑质量保证金的要求，其他项目则均按分年投资表中的资金安排计算。

项目建议书至招标设计阶段的勘测设计费计入建设初期。施工图设计阶段勘测设计费的 97% 按合理工期分年平均计算，其余 3% 的勘测设计费作为设计保证金，计入最后一年的资金流量表内。

第五节　总概算编制

一、预备费

1. 基本预备费

计算方法：以工程一至六部分投资合计为计算基数，按费率计算。

初步设计阶段费率为 5%～8%。

根据工程复杂程度、工程规模、施工年限和地质条件等确定费率，技术复杂、建设难度大的工程取大值，其他工程取中值或小值。

2. 价差预备费

计算方法：根据施工年限，以资金流量表的静态投资为计算基数，按有关部门发布的价格指数计算。

计算公式为：

$$E = \sum_{n=1}^{N} F_n \left[(1+P)^n - 1 \right]$$

式中　E——价差预备费；

　　　N——合理建设工期；

　　　n——施工年度；

　　　F_n——建设期间资金流量表内第 n 年的投资；

　　　P——价格指数。

二、建设期融资利息

计算公式为：

$$S = \sum_{n=1}^{N} \left[\left(\sum_{m=1}^{n} F_m b_m - \frac{1}{2} F_n b_n \right) + \sum_{m=0}^{n-1} S_m \right] i$$

式中　S——建设期融资利息；

　　　N——合理建设工期；

　　　n——施工年度；

　　　m——还息年度；

F_n、F_m——在建设期资金流量表内第 n、m 年的投资；

b_n、b_m——各施工年份融资额占当年投资比例；

　　　i——建设期融资利率；

S_m——第 m 年的付息额度。

三、静态总投资

1. 工程部分静态投资

一至六部分投资与基本预备费之和构成工程部分静态投资。编制工程部分总概算表时，在第六部分独立费用之后，应当顺序计列以下项目：

（1）一至六部分投资合计。

（2）基本预备费。

（3）静态投资。

2. 静态总投资

工程部分、建设征地移民补偿、环境保护工程、水土保持工程的静态投资之和构成静态总投资。

四、总投资

静态总投资、价差预备费、建设期融资利息之和构成总投资。

编制工程概算总表时，在工程投资总计中应当顺序计列以下项目：

（1）静态总投资。

（2）价差预备费。

（3）建设期融资利息。

（4）总投资。

第六节　投资对比分析

一、主要技术经济指标分析

技术经济指标分析指根据设计概算成果，计算说明水利工程的主要技术经济指标，包括总体技术经济指标、单项技术经济指标。

总体技术经济指标包括单位水库库容投资、单位装机容量投资、单位引水量投资、单位灌溉面积投资、单位工程长度投资以及其他特征指标的单位投资。总体技术经济指标主要用于分析工程静态总投资、总投资，以及工程部分、建设征地移民补偿、环境保护工程、水土保持工程四部分静态投资。

单项技术经济指标主要指单位工程长度投资，也可以指其他工程特征指标的单位投资。单项技术经济指标主要用于分析三级项目以上各级项目投资，重点分析主体工程投资。

根据工程分类，按照枢纽、引水、河道工程特征分别确定相应指标类别并进行分析。

二、投资变化原因分析

应当从价格变动、政策调整、工程项目和工程量以及征地移民实物量等设计变化三个方面进行详细分析，说明初步设计阶段较可行性研究报告阶段的投资变化情况和主要原因。

投资变化原因分析说明应当汇总工程部分、建设征地移民补偿、环境保护工程、水土保持工程四部分内容。

第五章　概算文件组成内容

概算文件包括初步设计报告概算相关内容、设计概算专题报告。

初步设计报告概算相关内容指初步设计报告综合说明和设计概算（章节），以及初步设计报告简本的设计概算（内容）。

设计概算专题报告包括设计概算正件和设计概算附件，是初步设计报告的附件。设计概算正件、附件应当分别成册，并应当随初步设计文件报审。

第一节　初步设计报告概算相关内容

一、初步设计报告综合说明

（1）简述概算的主要编制原则、依据、价格水平等。

（2）说明工程静态总投资和总投资，工程部分投资、建设征地移民补偿投资、环境保护工程投资、水土保持工程投资，价差预备费，建设期融资利息等。

（3）说明初步设计阶段较可行性研究报告阶段投资变化原因分析结论。

二、初步设计报告设计概算（章节）

（一）编制说明

说明内容与专题报告一致。

(二)投资对比分析说明

说明内容与专题报告一致。

(三)工程概算表

1. 工程概算总表

表格内容与专题报告一致。

2. 工程部分概算表

附工程部分概算的主要表格,包括:

(1) 工程部分总概算表。

(2) 建筑工程概算表。

(3) 机电设备及安装工程概算表。

(4) 金属结构设备及安装工程概算表。

(5) 输水管线设备及安装工程概算表(供水、灌溉、其他调水工程附该表)。

(6) 施工临时工程概算表。

(7) 独立费用概算表。

三、初步设计报告简本

(1) 说明价格水平,工程静态总投资和总投资,工程部分投资、建设征地移民补偿投资、环境保护工程投资、水土保持工程投资,价差预备费,建设期融资利息等。

(2) 附工程概算总表。

第二节 设计概算正件组成内容

一、编制说明

1. 工程概况

说明工程建设条件、工程任务与规模、工程总布置、主要建设内容、主要工程量、主要材料用量、施工总工期、建设征地数量以及移民安置人口指标等。

2．投资主要指标

说明工程静态总投资和总投资，工程部分投资、建设征地移民补偿投资、环境保护工程投资、水土保持工程投资，价差预备费，建设期融资利息等。

说明分类工程投资，如水源工程投资、供水工程投资、灌溉工程投资等。

3．编制原则和依据

说明概算编制采用的编制规定、定额、价格水平，确定的工程类别。

4．基础单价编制

说明人工，主要材料、次要材料，施工用电、水、风，砂石料，混凝土材料，台时费等基础单价的计算依据、方法、成果。

5．工程单价编制

说明建筑、安装工程单价的计算依据、编制方法、费用标准，定额调整及补充定额情况说明。

6．工程各部分概算编制

（1）说明建筑工程、临时工程概算编制方法、费用标准，永久和临时交通、房屋、供电等主要造价指标采用依据和分析说明。

（2）说明设备及安装工程概算编制方法、费用标准，主要设备及软件价格计算依据、方法、成果，主要造价指标采用依据和分析说明。

（3）说明独立费用编制方法、费用标准。

7．总概算编制

（1）说明基本预备费、价差预备费、建设期融资利息编制方法、费用标准。

（2）说明分年度投资、资金流量编制方法。

8. 其他说明

概算编制中需要说明的有关问题。

二、投资对比分析说明

1. 主要技术经济指标分析说明

说明主要技术经济指标分析情况。附技术经济指标表。

2. 投资变化原因分析说明

说明初步设计阶段较可行性研究报告阶段投资变化原因分析情况。附投资变化原因说明附表，包括：

（1）总投资对比表。

（2）主要工程量（或实物量）对比表。

（3）主要材料和设备价格对比表。

（4）其他相关表格。

三、工程概算表

1. 工程概算总表

工程概算总表应当汇总工程部分、建设征地移民补偿、环境保护工程、水土保持工程总概算表。

2. 工程部分概算表

（1）工程部分总概算表。

（2）建筑工程概算表。

（3）机电设备及安装工程概算表。

（4）金属结构设备及安装工程概算表。

（5）输水管线设备及安装工程概算表（供水、灌溉、其他调水工程附该表）。

（6）施工临时工程概算表。

（7）独立费用概算表。

（8）分年度投资表。

（9）资金流量表（枢纽工程附该表）。

3．工程部分概算附表

（1）建筑工程单价汇总表。

（2）安装工程单价汇总表。

（3）主要材料预算价格汇总表。

（4）次要材料预算价格汇总表。

（5）施工机械台时费汇总表。

（6）工程量汇总表。

（7）主要材料量汇总表。

（8）工时数量汇总表。

第三节　设计概算附件组成内容

（1）人工预算单价计算表。

（2）主要材料运输费用计算表。

（3）主要材料预算价格计算表。

（4）施工用电价格计算书（附计算说明）。

（5）施工用水价格计算书（附计算说明）。

（6）施工用风价格计算书（附计算说明）。

（7）补充定额计算书（附计算说明）。

（8）补充施工机械台时费计算书（附计算说明）。

（9）砂石料单价计算书（附计算说明）。

（10）混凝土材料单价计算表。

（11）建筑工程单价表。

（12）安装工程单价表。

（13）主要设备运杂费率计算书（附计算说明）。

（14）施工房屋建筑工程投资计算书（附计算说明）。

（15）独立费用计算书（勘测设计费可以另附计算书）。

（16）分年度投资计算表。

（17）资金流量计算表。

（18）价差预备费计算表。

（19）确定人工、材料、设备价格和相关费用依据的有关文件，询价报价资料及其他相关材料。

第四节　概算表格格式

一、工程概算总表

工程概算总表由工程部分的总概算表与建设征地移民补偿、环境保护工程、水土保持工程的总概算表汇总并计算而成。表中：

Ⅰ、Ⅱ、Ⅲ、Ⅳ分别汇总工程部分、建设征地移民补偿、环境保护工程、水土保持工程的静态投资。

Ⅴ包括静态总投资（Ⅰ～Ⅳ项的静态投资合计）、价差预备费、建设期融资利息、总投资。

表一　　　　　　　　工　程　概　算　总　表　　　　　单位：万元

序号	工程或费用名称	建安工程费	设备费	独立费用	合计
Ⅰ	工程部分投资				
	第一部分　建筑工程				
	……（一级项目，下同）				
	第二部分　机电设备及安装工程				
	……				
	第三部分　金属结构设备及安装工程				

序号	工程或费用名称	建安工程费	设备费	独立费用	合计
	……				
	第四部分 输水管线设备及安装工程				
	……				
	第五部分 施工临时工程				
	……				
	第六部分 独立费用				
	……				
	一至六部分投资合计				
	基本预备费				
	静态投资				
Ⅱ	建设征地移民补偿投资				
一	农村部分补偿费				
二	城（集）镇部分补偿费				
三	工业企业补偿费				
四	专业项目补偿费				
五	防护工程费				
六	库底清理费				
七	其他费用				
	一至七项合计				
	基本预备费				
	有关税费				
	静态投资				
Ⅲ	环境保护工程投资				
一	环境保护措施				

序号	工程或费用名称	建 安 工程费	设备费	独立 费用	合计
二	独立费用				
	一至二项合计				
	基本预备费				
	环境影响补偿费				
	静态投资				
Ⅳ	水土保持工程投资				
一	工程措施				
二	植物措施				
三	监测措施				
四	施工临时工程				
五	独立费用				
	一至五项合计				
	基本预备费				
	水土保持补偿费				
	静态投资				
Ⅴ	工程投资总计（Ⅰ～Ⅳ合计）				
	静态总投资				
	价差预备费				
	建设期融资利息				
	总投资				

二、概算表

工程部分概算表包括总概算表、建筑工程概算表、设备及安装工程概算表、分年度投资表、资金流量表。

1. 总概算表

按项目划分的第一部分至第六部分填表，各部分列示至一级项目。第一部分至第六部分之后的项目内容为：一至六部分投资合计、基本预备费、静态投资。

表二 　　　　　　　　　　总 概 算 表 　　　　　　　单位：万元

序号	工程或费用名称	建 安 工程费	设备费	独立 费用	合计	占一至六部分 投资比例（%）
	第一部分　建筑工程					
	……（一级项目，下同）					
	第二部分　机电设备及安装工程					
	……					
	第三部分　金属结构设备及安装工程					
	……					
	第四部分　输水管线设备及安装工程					
	……					
	第五部分　施工临时工程					
	……					
	第六部分　独立费用					
	……					
	一至六部分投资合计					
	基本预备费					
	静态投资					

2. 建筑工程概算表

按项目划分列示至三级项目。

本表适用于编制建筑工程概算、施工临时工程概算、独立费用概算。

表三 建 筑 工 程 概 算 表

序号	工程或费用名称	单位	数量	单价（元）	合计（万元）	备注

注 "备注"栏可以说明单价序号、其他相关内容。

3. 设备及安装工程概算表

按项目划分列示至三级项目。

本表适用于编制机电设备及安装工程概算、金属结构设备及安装工程概算、输水管线设备及安装工程概算。

表四 设 备 及 安 装 工 程 概 算 表

序号	名称及规格	单位	数量	单价（元）		合计（万元）		备注
				设备费	安装费	设备费	安装费	

注 "备注"栏可以说明单价序号、其他相关内容。

4. 分年度投资表

按项目划分根据项目情况列示至一级项目或二级项目。

表五 分 年 度 投 资 表 单位：万元

序号	项　　目	合计	建设工期				
			第1年	第2年	第3年	第4年	……
Ⅰ	工程部分投资						
一	建筑安装工程						
1	建筑工程						
	×××工程（一级项目）						
2	机电设备安装工程						
	×××工程（一级项目）						

続表

序号	项 目	合计	建设工期				
			第1年	第2年	第3年	第4年	……
3	金属结构设备安装工程						
	×××工程（一级项目）						
4	输水管线安装工程						
	×××工程（一级项目）						
5	施工临时工程						
	×××工程（一级项目）						
二	设备						
1	机电设备						
	×××设备						
2	金属结构设备						
	×××设备						
3	输水管线设备						
	×××设备						
三	独立费用						
1	建设管理费						
2	工程建设监理费						
3	生产准备费						
4	科研勘测设计费						
5	其他						
	一至三项合计						
	基本预备费						
	静态投资						
Ⅱ	建设征地移民补偿投资						
	……						

続表

序号	项　目	合计	建设工期				
			第1年	第2年	第3年	第4年	……
	静态投资						
Ⅲ	环境保护工程投资						
	……						
	静态投资						
Ⅳ	水土保持工程投资						
	……						
	静态投资						
Ⅴ	工程投资总计（Ⅰ~Ⅳ合计）						
	静态总投资						
	价差预备费						
	建设期融资利息						
	总投资						

5. 资金流量表

本表适用于需要编制资金流量表的项目。

可以视不同情况按项目划分列示至一级项目或二级项目。项目排列方法同分年度投资表。资金流量表应当汇总建设征地移民补偿、环境保护工程、水土保持工程投资，并计算总投资。资金流量表是资金流量计算表的成果汇总。

表六　　　　　　　资 金 流 量 表　　　　　单位：万元

序号	项　目	合计	建设工期				
			第1年	第2年	第3年	第4年	……
Ⅰ	工程部分投资						
一	建筑安装工程						

· 126 ·

续表

序号	项目	合计	建设工期				
			第1年	第2年	第3年	第4年	……
1	建筑工程						
	×××工程（一级项目）						
2	机电设备安装工程						
	×××工程（一级项目）						
3	金属结构设备安装工程						
	×××工程（一级项目）						
4	输水管线安装工程						
	×××工程（一级项目）						
5	施工临时工程						
	×××工程（一级项目）						
二	设备						
	……						
三	独立费用						
	……						
	一至三项合计						
	基本预备费						
	静态投资						
Ⅱ	建设征地移民补偿投资						
	……						
	静态投资						
Ⅲ	环境保护工程投资						
	……						
	静态投资						
Ⅳ	水土保持工程投资						
	……						
	静态投资						

序号	项 目	合计	建设工期				
			第1年	第2年	第3年	第4年	……
V	工程投资总计（I～IV合计）						
	静态总投资						
	价差预备费						
	建设期融资利息						
	总投资						

三、概算附表

工程部分概算附表包括建筑工程单价汇总表、安装工程单价汇总表、主要材料预算价格汇总表、次要材料预算价格汇总表、施工机械台时费汇总表、主要工程量汇总表、主要材料量汇总表、工时数量汇总表。

1. 建筑工程单价汇总表

附表一　　　　　　　　　　建筑工程单价汇总表

单价编号	名称	单位	单价（元）	其　　中								
				人工费	材料费	机械使用费	其他直接费	间接费	利润	材料补差	未计价材料费	税金

2. 安装工程单价汇总表

附表二　　　　　　　　　　安装工程单价汇总表

单价编号	名称	单位	单价（元）	其　　中								
				人工费	材料费	机械使用费	其他直接费	间接费	利润	材料补差	未计价装置性材料费	税金

3. 主要材料预算价格汇总表

附表三   主要材料预算价格汇总表

序号	名称及规格	单位	预算价格（元）	其中				
				原价（含税价）	原价（不含税价）	运杂费	运输保险费	采购及保管费

4. 次要材料预算价格汇总表

附表四   次要材料预算价格汇总表

序号	名称及规格	单位	含税价（元）	不含税价（元）

5. 施工机械台时费汇总表

附表五   施工机械台时费汇总表

序号	名称及规格	台时费（元）	其中				
			折旧费	修理及替换设备费	安拆费	人工费	动力燃料费

6. 主要工程量汇总表

附表六   主要工程量汇总表

序号	项目	土方明挖（m³）	石方明挖（m³）	土石方洞挖（m³）	土石方填筑（m³）	砌筑（m³）	混凝土（m³）	模板（m²）	钢筋（t）	帷幕灌浆（m）	固结灌浆（m）

注 表中统计的工程类别可以根据工程实际情况调整。

7. 主要材料量汇总表

附表七　　　　　　　主要材料量汇总表

序号	项目	柴油 (t)	汽油 (t)	水泥 (t)	钢筋 (t)	炸药 (t)	粉煤灰 (t)	砂 (m³)	碎（卵）石 (m³)	块石 (m³)	管材 (km)	钢材 (t)

注　表中统计的主要材料种类可以根据工程实际情况调整。

8. 工时数量汇总表

附表八　　　　　　工 时 数 量 汇 总 表

序号	项目	工长	高级工	中级工	初级工	合计	备注

四、概算附件附表

工程部分概算附件附表包括人工预算单价计算表、主要材料运输费用计算表、主要材料预算价格计算表、混凝土材料单价计算表、建筑工程单价表、安装工程单价表、资金流量计算表。

1. 人工预算单价计算表

附件表一　　　　　　人工预算单价计算表

艰苦边远地区类别			定额人工等级	
序号	项目		计算式	单价（元）
1	人工工时预算单价			
2	人工工日预算单价			

2. 主要材料运输费用计算表

附件表二　　　　　　主要材料运输费用计算表

编号	1	2	3	材料名称			材料编号	
交货条件				运输方式	火车	汽车	船运	火车
交货地点				货物等级			整车	零担
交货比例（%）				装载系数				

编号	运输费用项目	运输起讫地点	运输距离（km）	计算公式	合计（元）
1	铁路运杂费				
	公路运杂费				
	水路运杂费				
	综合运杂费				
2	铁路运杂费				
	公路运杂费				
	水路运杂费				
	综合运杂费				
3	铁路运杂费				
	公路运杂费				
	水路运杂费				
	综合运杂费				
	每吨运杂费				

3. 主要材料预算价格计算表

附件表三　　　　主要材料预算价格计算表

编号	名称及规格	单位	原价依据	单位毛重（t）	每吨运费（元）	预算价格构成（元）					
						原价（含税价）	原价（不含税价）	运杂费	采购及保管费	运输保险费	预算价格

4. 混凝土材料单价计算表

附件表四　　　　混凝土材料单价计算表

编号	名称及规格	单位	预算量	调整系数	单价（元）	合价（元）

注　1. "名称及规格"栏应当明确混凝土或砂浆的级配、强度等级等。
　　2. "调整系数"栏为卵石换碎石、粗砂换中细砂及其他调整配合比材料用量系数。

5. 建筑工程单价表

附件表五 **建筑工程单价表**

单价编号		项目名称				
定额编号					定额单位	
施工方法						
编号	名称及规格		单位	数量	单价（元）	合计（元）

注 1."施工方法"栏填写主要施工方法、土或岩石类别、级别、运距等。

2. 材料补差：应当逐项列示柴油、汽油、钢筋、水泥、砂石料等材料补差。

3. 未计价材料费：应当逐项列示材料费。

6. 安装工程单价表

附件表六 **安装工程单价表**

单价编号		项目名称				
定额编号					定额单位	
施工方法						
编号	名称及规格		单位	数量	单价（元）	合计（元）

注 1."施工方法"栏填写设备、材料等规格型号、安装方法等。

2. 材料补差：应当逐项列示汽油等材料补差。

3. 未计价装置性材料费：应当逐项列示材料费。

7. 资金流量计算表

可以视不同情况按项目划分列示至一级项目或二级项目。项目排列方法同分年度投资表。资金流量计算表应当汇总工程部分、建设征地移民补偿、环境保护工程、水土保持工程四部分投资，并计算总投资。

资金流量计算表 　　单位：万元

序号	项　目	合计	分年度投资				
			第1年	第2年	第3年	第4年	……
Ⅰ	工程部分投资						
一	建筑安装工程						
（一）	×××工程						
1	分年度完成工作量						
2	预付款						
3	扣回预付款						
4	保留金						
5	偿还保留金						
（二）	×××工程						
	……						
二	设备						
	……						
三	独立费用						
	……						
四	一至三项合计						
1	分年度费用						
2	预付款						
3	回预付款						
4	保留金						
5	偿还保留金						
	基本预备费						
	静态投资						
Ⅱ	建设征地移民补偿投资						
	……						
	静态投资						
Ⅲ	环境保护工程投资						

序号	项 目	合计	分年度投资				
			第1年	第2年	第3年	第4年	……
	……						
	静态投资						
Ⅳ	水土保持工程投资						
	……						
	静态投资						
Ⅴ	工程投资总计（Ⅰ～Ⅳ合计）						
	静态总投资						
	价差预备费						
	建设期融资利息						
	总投资						

五、投资对比分析说明附表

1. 技术经济指标表

附表一 **总体技术经济指标表**

序号	工程或费用名称	投资（万元）	技术经济指标	备注
1	工程部分投资			
2	建设征地移民补偿投资			
3	环境保护工程投资			
4	水土保持工程投资			
5	静态总投资			
6	总投资			

注 根据工程特征选用一个或多个技术经济指标类别，包括单位水库库容投资、单位装机容量投资、单位引水量投资、单位灌溉面积投资、单位工程长度投资等，在"备注"栏说明指标类别。

附表二 　　　　　　　　　　单项技术经济指标表

序号	工程或费用名称	单位	数量	投资（万元）	技术经济指标（万元/km）	备注

注　主要分析主体工程三级项目以上各级项目的单位工程长度投资指标，项目内容
　　与主体工程对应一致。

2. 总投资对比表

格式参见附表三，可以根据工程情况进行调整。可以视不同
情况按项目划分列示至一级项目或二级项目。

附表三　　　　　　　　　　总 投 资 对 比 表　　　　　　单位：万元

序号	工程或费用名称	可研阶段投资	初步设计投资	投资增减额度	其中			增减幅度（%）	备注（设计变化分析说明）
					价格变动	政策调整	设计变化		
（1）	（2）	（3）	（4）	（4）－（3）				［（4）－（3）］/（3）	
Ⅰ	工程部分投资								
	第一部分　建筑工程								
	……								
	第二部分　机电设备及安装工程								
	……								
	第三部分　金属结构设备及安装工程								
	……								
	第四部分　输水管线设备及安装工程								

| 序号 | 工程或费用名称 | 可研阶段投资 | 初步设计投资 | 投资增减额度 | 其中 | | | 增减幅度（%） | 备注（设计变化分析说明） |
					价格变动	政策调整	设计变化		
（1）	（2）	（3）	（4）	（4）－（3）				［（4）－（3）］/（3）	
	……								
	第五部分 施工临时工程								
	……								
	第六部分 独立费用								
	……								
	一至六部分投资合计								
	基本预备费								
	静态投资								
Ⅱ	建设征地移民补偿投资								
一	农村部分补偿费								
二	城（集）镇部分补偿费								
三	工业企业补偿费								
四	专业项目补偿费								
五	防护工程费								
六	库底清理费								
七	其他费用								
	一至七项合计								
	基本预备费								
	有关税费								
	静态投资								

序号	工程或费用名称	可研阶段投资	初步设计投资	投资增减额度	其中			增减幅度（%）	备注（设计变化分析说明）
					价格变动	政策调整	设计变化		
(1)	(2)	(3)	(4)	(4)－(3)				［(4)－(3)］/(3)	
Ⅲ	环境保护工程投资								
一	环境保护措施费								
二	独立费用								
	一至二项合计								
	基本预备费								
	静态投资								
Ⅳ	水土保持工程投资								
一	工程措施								
二	植物措施								
三	监测措施								
四	施工临时工程								
五	独立费用								
	一至五项合计								
	基本预备费								
	水土保持补偿费								
	静态投资								
Ⅴ	工程投资总计（Ⅰ～Ⅳ合计）								
	静态总投资								
	价差预备费								
	建设期融资利息								
	总投资								

3. 主要工程量对比表

格式参见附表四，可以根据工程情况进行调整。应当列示主要工程项目的主要工程量。

附表四　　　　　　　　　主要工程量对比表

序号	工程类别	单位	可研阶段	初步设计阶段	增减数量	增减幅度（%）	备注
(1)	(2)	(3)	(4)	(5)	(5)−(4)	[(5)−(4)]/(4)	
1	挡水工程						
	石方开挖						
	混凝土						
	钢筋						
	……						

4. 主要材料和设备价格对比表。

格式参见附表五，可以根据工程情况进行调整。设备投资较少时，可以不附设备价格对比。

附表五　　　　　　主要材料和设备价格对比表　　　　　单位：元

序号	名称及规格	单位	可研阶段	初步设计阶段	增减额度	增减幅度（%）	备注
(1)	(2)	(3)	(4)	(5)	(5)−(4)	[(5)−(4)]/(4)	
1	主要材料价格						
	水泥						
	油料						
	钢筋						
	……						
2	主要设备价格						
	水轮机						
	……						

六、概算表格要求

编制概算小数点后位数取定方法：

（1）基础单价、工程单价单位为"元"，计算结果精确到小数点后两位。单位造价指标取整数位。

（2）第一部分至第六部分概算表、分年度投资表及总概算表单位为"万元"，计算结果精确到小数点后两位。

（3）投资对比分析说明所附各表的投资可以取整数位。

一 投资估算

第六章 投资估算编制

第一节 综 述

投资估算是项目建议书和可行性研究报告的组成部分。

投资估算与设计概算的组成内容、项目划分和费用构成基本相同，根据 SL/T 617《水利水电工程项目建议书编制规程》、SL/T 618《水利水电工程可行性研究报告编制规程》等规范要求的勘测设计深度，结合工程项目具体情况，可以对初步设计概算编制规定的相关内容进行适当简化、合并或调整。

设计阶段和设计深度决定了投资估算与设计概算规定的编制方法及计算标准有所不同。

第二节 编制方法及计算标准

一、基础单价

基础单价编制方法与设计概算编制规定相同。

二、建筑、安装工程单价

主要建筑、安装工程单价编制方法与设计概算编制规定相同，采用概算定额编制，考虑设计工作深度和精度对工程单价的影响，工程单价应当乘以扩大系数。扩大系数见表 6-1。

表 6 - 1　　　　　　　建筑、安装工程单价扩大系数表

序号	工程类别	单价扩大系数（%）
一	建筑工程	
1	土方工程	10
2	石方工程	10
3	砌筑工程	10
4	混凝土浇筑工程	10
5	模板工程	5
6	钢筋工程	5
7	砂石备料工程	0
8	钻孔灌浆工程	10
9	锚固工程	10
10	掘进机施工隧洞工程	10
11	疏浚工程	10
12	其他工程	10
二	安装工程	
1	设备安装工程	10
2	管道安装工程	5

三、工程各部分估算编制

1. 建筑工程

（1）主体建筑工程、交通工程、房屋建筑工程、供电设施工程、数字孪生设施工程编制方法与设计概算编制规定基本相同。

安全监测设施工程应当根据安全监测设计，按设计工程量乘以单价计算投资。若设计深度不满足计算需求，可以根据工程类别估算投资。估算方法为：以主体建筑工程投资为计算基数，按费率计算投资。费率标准如下：

枢纽工程（当地材料坝）	0.9%~1.1%
枢纽工程（混凝土坝、水闸、泵站）	1.1%~1.3%
引水及河道工程（建筑物）	1.1%~1.3%
引水及河道工程（堤防、渠道、管线）	0.2%~0.3%

（2）其他建筑工程。根据工程项目组成内容逐项分析计算其他建筑工程投资。若设计深度不满足计算需求，可以根据工程具体情况和规模，按主体建筑工程投资的 3%~5%计算其他建筑工程投资。

2. 机电设备及安装工程

（1）主要机电设备及安装工程。根据工程项目组成内容按设计工程量乘以单价逐项分析计算机电设备及安装工程。其中交通工具购置费，原则上根据设计确定的交通工具数量乘以单价计算投资。若设计深度不满足计算需求，可以根据表 6-2 的费率标准，以第一部分建筑工程投资为计算基数，按超额累进方法计算。田间工程不计交通工具购置费。

表 6-2　　　　　　　　交通工具购置费费率表

第一部分建筑工程投资（万元）	费率（%）	辅助参数（万元）
≤10000	0.5	0
10000~50000	0.25	25
50000~100000	0.10	100
100000~200000	0.06	140
200000~500000	0.04	180
>500000	0.02	280

上述计算方法也可以简化，简化计算公式为：第一部分建筑工程投资×该档费率＋辅助参数。

（2）其他机电设备及安装工程。若设计深度不满足逐项计算项目组成的机电设备及安装工程，可以计列其他机电设备及安装工程。其他机电设备可以根据主要机电设备费采用费率法计算投资，也可以根据装机规模采用造价指标计算投资。

3. 金属结构设备及安装工程

编制方法与设计概算编制规定基本相同。

4. 输水管线设备及安装工程

编制方法与设计概算编制规定基本相同。

5. 施工临时工程

编制方法、计算标准与设计概算编制规定相同。

6. 独立费用

（1）勘测设计费。项目建议书、可行性研究报告阶段，勘测费参照《国家发展改革委、建设部关于印发〈水利、水电、电力建设项目前期工作工程勘察收费暂行规定〉的通知》（发改价格〔2006〕1352号）计算。设计费包括工程方案编制费和报告编制费，其中，工程方案编制费按照发改价格〔2006〕1352号文规定的勘察收费基准价30%～40%计算，报告编制费参照《国家计委关于印发〈建设项目前期工作咨询收费暂行规定〉的通知》（计价格〔1999〕1283号）计算。详见附录4、附录5。

应当根据所完成的勘测设计工作阶段确定相应阶段的工程勘测设计费，未发生的工作阶段不计相关费用。符合《国家发展改革委关于精简重大水利建设项目审批程序的通知》（发改农经〔2015〕1860号，详见附录7）要求不再编制项目建议书、直接编制可行性研究报告、前期工作需要深化开发任务和规模等论证工作的相关建设项目，较发改价格〔2006〕1352号文规定的原可研阶段增加的工作费用，经论证说明后计入可行性研究报告阶段勘测设计费。

初步设计、招标设计及施工图设计阶段勘测设计费的编制方法、计算标准与设计概算编制规定相同。

勘测设计费分析论证要求与设计概算编制规定相同，分析论证过程应当形成计算书并汇入估算文件。

（2）其他独立费用的编制方法、计算标准与设计概算编制规定相同。

四、分年度投资及资金流量

投资估算可以仅计算分年度投资，不计算资金流量。

五、总估算编制

项目建议书阶段基本预备费费率为 $15\%\sim18\%$，可行性研究报告阶段基本预备费费率为 $10\%\sim12\%$。技术复杂、建设难度大的工程取大值，其他工程取中值或小值。

价差预备费、建设期融资利息编制方法与设计概算编制规定相同。

静态总投资、总投资编制方法与设计概算编制规定相同。

六、投资对比分析

1. 主要技术经济指标分析

根据工程分类，按照枢纽、引水、河道工程特征分别确定相应指标内容进行分析，计算总体技术经济指标、单项技术经济指标，汇入技术经济指标表。

与同类工程总体技术经济指标进行对比，结合工程建设内容和项目特点，分析说明工程项目投资的差异性、合理性。

2. 投资变化原因分析

可行性研究报告阶段，应当从价格变动、政策调整、工程项目和工程量以及征地移民实物量等设计变化三个方面进行详细分析，说明可行性研究报告阶段较项目建议书阶段投资变化情况和主要原因。

第三节　估算文件组成内容

估算文件包括项目建议书、可行性研究报告估算相关内容、投资估算专题报告。

可行性研究报告估算相关内容指可行性研究报告综合说明和投资估算（章节），以及可行性研究报告简本的投资估算。

投资估算专题报告包括投资估算正件和投资估算附件，是可行性研究报告的附件。投资估算正件、投资估算附件应当分别成册，并应当随可行性研究报告报审。

项目建议书投资估算参照可行性研究报告的相关要求。

一、可行性研究报告估算相关内容

（一）可行性研究报告综合说明

（1）简述估算的主要编制原则、依据、价格水平等。

（2）说明工程静态总投资和总投资，工程部分投资、建设征地移民补偿投资、环境保护工程投资、水土保持工程投资，价差预备费，建设期融资利息等。

（二）可行性研究报告投资估算

1. 编制说明

说明内容与专题报告一致。

2. 投资对比分析说明

说明内容与专题报告一致。

3. 工程估算表

（1）工程估算总表。

表格内容与专题报告一致。

（2）工程部分估算表。

附工程部分估算的主要表格，包括：

1）工程部分总估算表。

2）建筑工程估算表。

3）机电设备及安装工程估算表。

4）金属结构设备及安装工程估算表。

5）输水管线设备及安装工程估算表（供水、灌溉、其他调水工程附该表）。

6）施工临时工程估算表。

7）独立费用估算表。

（三）可行性研究报告简本

（1）说明价格水平，工程静态总投资和总投资，工程部分投资、建设征地移民补偿投资、环境保护工程投资、水土保持工程投资，价差预备费，建设期融资利息等。

（2）附工程估算总表。

二、投资估算正件组成内容

（一）编制说明

1. 工程概况

说明工程建设条件、工程任务与规模、工程总布置、主要建设内容、主要工程量、主要材料用量、施工总工期、建设征地数量以及移民安置人口指标等。

2. 投资主要指标

说明工程静态总投资和总投资，工程部分、建设征地移民补偿、环境保护工程、水土保持工程四部分静态投资，价差预备费，建设期融资利息等。

说明分类工程投资，如水源工程投资、供水工程投资、灌溉工程投资等。

3. 编制原则和依据

说明估算编制采用的编制规定、定额、价格水平，确定的工程类别。

4. 基础单价编制

说明人工，主要材料，施工用电、水、风，砂石料，混凝土材料，台时费等基础单价的计算依据、方法、成果。

5.工程单价编制

说明建筑、安装工程单价的计算依据、编制方法、费用标准，定额调整及补充定额情况说明。

6.工程各部分估算编制

（1）说明建筑工程、临时工程估算编制方法、费用标准，房屋、交通、供电、数字孪生等主要造价指标采用依据和分析说明。

（2）说明设备及安装工程估算编制方法、费用标准，主要造价指标采用依据和分析说明，主要设备价格计算依据、方法、成果。

（3）说明独立费用编制方法、费用标准。

7.总估算编制

（1）说明基本预备费、价差预备费、建设期融资利息编制方法、费用标准。

（2）说明分年度投资、资金流量编制方法。

8.其他说明

估算编制中需要说明的有关问题。

（二）投资对比分析说明

1.主要技术经济指标分析说明

说明主要技术经济指标分析情况。附技术经济指标表。

2.投资变化原因分析说明

说明可行性研究报告阶段较项目建议书阶段投资变化原因分析情况。附投资变化原因说明附表，包括：

（1）总投资对比表。

（2）主要工程量（或实物量）对比表。

（3）主要材料和设备价格对比表。

（4）其他相关表格。

（三）投资估算正件表格

1.工程估算总表

工程估算总表应当汇总工程部分、建设征地移民补偿、环境保护工程、水土保持工程总估算表。

2．工程部分估算表

（1）工程部分总估算表。

（2）建筑工程估算表。

（3）机电设备及安装工程估算表。

（4）金属结构设备及安装工程估算表。

（5）输水管线设备及安装工程估算表（供水、灌溉、其他调水工程附该表）。

（6）施工临时工程估算表。

（7）独立费用估算表。

（8）分年度投资表。

（9）资金流量表（枢纽工程附该表）。

3．估算附表

（1）建筑工程单价汇总表。

（2）安装工程单价汇总表。

（3）主要材料预算价格汇总表。

（4）次要材料预算价格汇总表。

（5）施工机械台时费汇总表。

（6）主要工程量汇总表。

（7）主要材料量汇总表。

（8）工时数量汇总表。

三、投资估算附件组成内容

参照概算附件组成内容。

四、估算表格格式

参照概算表格格式。

一 投资匡算

第七章 投资匡算编制

一、综述

投资匡算是工程规划报告的组成部分。

投资匡算与投资估算规定的组成内容、项目划分和费用构成基本相同，可以根据工作深度对相关内容进行适当简化、合并或调整。

二、编制方法及计算标准

1. 基础单价

基础单价编制方法与投资估算编制规定相同。

2. 建筑、安装工程单价

主要建筑、安装工程单价编制方法与投资估算编制规定相同。

3. 工程各部分匡算

主体工程一般采用设计工程量乘以工程单价的方式匡算投资。

其他工程可以根据建设内容和设计深度，采用相应方法匡算投资。

4. 基本预备费、静态总投资

规划阶段基本预备费率为 $18\%\sim20\%$。

投资匡算可以仅计算至静态总投资。

三、匡算文件组成内容

参照估算文件组成内容，根据规划深度进行简化。

一 附 录

附录1

水利水电工程等级划分标准

根据 SL 252—2017《水利水电工程等级划分及洪水标准》，汇总工程等别、建筑物级别划分标准如下。若规范有变化，应当进行相应调整。

一、水利水电工程

水利水电工程的等别应根据其工程规模、效益和在经济社会中的重要性，按附表1确定。

附表1　　　　　　　水利水电工程分等指标

工程等别	工程规模	水库总库容/$10^8 m^3$	防洪			治涝	灌溉	供水		发电
			保护人口/10^4人	保护农田面积/10^4亩	保护区当量经济规模/10^4人	治涝面积/10^4亩	灌溉面积/10^4亩	供水对象重要性	年引水量/$10^8 m^3$	发电装机容量/MW
Ⅰ	大（1）型	≥10	≥150	≥500	≥300	≥200	≥150	特别重要	≥10	≥1200
Ⅱ	大（2）型	<10，≥1.0	<150，≥50	<500，≥100	<300，≥100	<200，≥60	<150，≥50	重要	<10，≥3	<1200，≥300
Ⅲ	中型	<1.0，≥0.10	<50，≥20	<100，≥30	<100，≥40	<60，≥15	<50，≥5	比较重要	<3，≥1	<300，≥50
Ⅳ	小（1）型	<0.10，≥0.01	<20，≥5	<40，≥5	<40，≥10	<15，≥3	<5，≥0.5	一般	<1，≥0.3	<50，≥10
Ⅴ	小（2）型	<0.01，≥0.001	<5	<5	<10	<3	<0.5		<0.3	<10

对综合利用的水利水电工程，当按各综合利用项目的分等指标确定的等别不同时，其工程等别应按其中最高等别确定。

二、拦河闸

拦河闸永久性水工建筑物的级别，应根据其所属工程的等别，按附表 2 确定。

拦河闸永久性水工建筑物为 2 级、3 级，其校核洪水过闸流量分别大于 $5000m^3/s$、$1000m^3/s$ 时，其建筑物级别可提高一级。

附表 2   拦河闸工程分等指标

工程等别	主要建筑物	次要建筑物
I	1	3
II	2	3
III	3	4
IV	4	5
V	5	5

三、泵站

（1）灌溉、治涝、排水工程中的泵站永久性水工建筑物级别，应根据设计流量与装机功率，按附表 3 确定。

附表 3   灌溉、治涝、排水工程泵站永久性水工建筑物级别

设计流量/(m^3/s)	装机功率/MW	主要建筑物	次要建筑物
≥200	≥30	1	3
<200，≥50	<30，≥10	2	3
<50，≥10	<10，≥1	3	4
<10，≥2	<1，≥0.1	4	5
<2	<0.1	5	5

注 1. 设计流量指建筑物所在断面的设计流量。

2. 装机功率指泵站包括备用机组在内的单站装机功率。

3. 当泵站按分级指标分属两个不同等别时，按其中高者确定。

4. 由连续多级泵站串联组成的泵站系统，其级别可按系统总装机功率确定。

（2）供水工程中的泵站永久性水工建筑物级别，应根据设计流量与装机功率，按附表 4 确定。

附表 4　　　供水工程泵站永久性水工建筑物级别

设计流量/(m³/s)	装机功率/MW	主要建筑物	次要建筑物
≥50	≥30	1	3
<50，≥10	<30，≥10	2	3
<10，≥3	<10，≥1	3	4
<3，≥1	<1，≥0.1	4	5
<1	<0.1	5	5

注　1. 设计流量指建筑物所在断面的设计流量。
　　2. 装机功率指泵站包括备用机组在内的单站装机功率。
　　3. 当泵站按分级指标分属两个不同等别时，按其中高者确定。
　　4. 由连续多级泵站串联组成的泵站系统，其级别可按系统总装机功率确定。

四、灌溉渠道

灌溉工程中的渠道及渠系永久性水工建筑物级别，应根据设计灌溉流量，按附表 5 确定。

附表 5　　　灌溉工程永久性水工建筑物级别

设计流量/(m³/s)	主要建筑物	次要建筑物
≥300	1	3
<300，≥100	2	3
<100，≥20	3	4
<20，≥5	4	5
<5	5	5

五、治涝、排水工程

（1）治涝、排水工程的排水渠（沟）工程永久性水工建筑物级别，应根据设计流量，按附表 6 确定。

附表 6　　　　排水渠（沟）永久性水工建筑物级别

设计流量/（m³/s）	主要建筑物	次要建筑物
≥500	1	3
<500，≥200	2	3
<200，≥50	3	4
<50，≥10	4	5
<10	5	5

（2）治涝、排水工程中的水闸、渡槽、倒虹吸、管道、涵洞、隧洞、跌水与陡坡等永久性水工建筑物级别，应根据设计流量，按附表 7 确定。

附表 7　　　　排水渠系永久性水工建筑物级别

设计流量/（m³/s）	主要建筑物	次要建筑物
≥300	1	3
<300，≥100	2	3
<100，≥20	3	4
<20，≥5	4	5
<5	5	5

附录 2

国家发展改革委、建设部关于印发
《建设工程监理与相关服务收费
管理规定》的通知

发改价格〔2007〕670 号

国务院有关部门，各省、自治区、直辖市发展改革委、物价局、建设厅（委）：

为规范建设工程监理及相关服务收费行为，维护委托双方合法权益，促进工程监理行业健康发展，我们制定了《建设工程监理与相关服务收费管理规定》，现印发给你们，自 2007 年 5 月 1 日起执行。原国家物价局、建设部下发的《关于发布工程建设监理费有关规定的通知》（〔1992〕价费字 479 号）自本规定生效之日起废止。

　　附：建设工程监理与相关服务收费管理规定

国家发展改革委　建设部

二○○七年三月三十日

主题词：工程　监理　收费　通知

　　附：

建设工程监理与相关服务收费管理规定

　　第一条　为规范建设工程监理与相关服务收费行为，维护发包人和监理人的合法权益，根据《中华人民共和国价格法》及有关法律、法规，制定本规定。

第二条 建设工程监理与相关服务，应当遵循公开、公平、公正、自愿和诚实信用的原则。依法须招标的建设工程，应通过招标方式确定监理人。监理服务招标应优先考虑监理单位的资信程度、监理方案的优劣等技术因素。

第三条 发包人和监理人应当遵守国家有关价格法律法规的规定，接受政府价格主管部门的监督、管理。

第四条 建设工程监理与相关服务收费根据建设项目性质不同情况，分别实行政府指导价或市场调节价。依法必须实行监理的建设工程施工阶段的监理收费实行政府指导价；其它建设工程施工阶段的监理收费和其它阶段的监理与相关服务收费实行市场调节价。

第五条 实行政府指导价的建设工程施工阶段监理收费，其基准价根据《建设工程监理与相关服务收费标准》计算，浮动幅度为上下 20％。发包人和监理人应当根据建设工程的实际情况在规定的浮动幅度内协商确定收费额。实行市场调节价的建设工程监理与相关服务收费，由发包人和监理人协商确定收费额。

第六条 建设工程监理与相关服务收费，应当体现优质优价的原则。在保证工程质量的前提下，由于监理人提供的监理与相关服务节省投资，缩短工期，取得显著经济效益的，发包人可根据合同约定奖励监理人。

第七条 监理人应当按照《关于商品和服务实行明码标价的规定》，告知发包人有关服务项目、服务内容、服务质量、收费依据，以及收费标准。

第八条 建设工程监理与相关服务的内容、质量要求和相应的收费金额以及支付方式，由发包人和监理人在监理与相关服务合同中约定。

第九条 监理人提供的监理与相关服务，应当符合国家有关法律、法规和标准规范，满足合同约定的服务内容和质量等要求。监理人不得违反标准规范规定或合同约定，通过降低服务质量、减少服务内容等手段进行恶性竞争，扰乱正常市场秩序。

第十条　由于非监理人原因造成建设工程监理与相关服务工作量增加或减少的，发包人应当按照合同约定与监理人协商另行支付或扣减相应的监理与相关服务费用。

第十一条　由于监理人原因造成监理与相关服务工作量增加的，发包人不另行支付监理与相关服务费用。

监理人提供的监理与相关服务不符合国家有关法律、法规和标准规范的，提供的监理服务人员、执业水平和服务时间未达到监理工作要求的，不能满足合同约定的服务内容和质量等要求的，发包人可按合同约定扣减相应的监理与相关服务费用。

由于监理人工作失误给发包人造成经济损失的，监理人应当按照合同约定依法承担相应赔偿责任。

第十二条　违反本规定和国家有关价格法律、法规规定的，由政府价格主管部门依据《中华人民共和国价格法》、《价格违法行为行政处罚规定》予以处罚。

第十三条　本规定及所附《建设工程监理与相关服务收费标准》，由国家发展改革委会同建设部负责解释。

第十四条　本规定自 2007 年 5 月 1 日起施行，规定生效之日前已签订服务合同及在建项目的相关收费不再调整。原国家物价局与建设部联合发布的《关于发布工程建设监理费有关规定的通知》（〔1992〕价费字 479 号）同时废止。国务院有关部门及各地制定的相关规定与本规定相抵触的，以本规定为准。

附件：建设工程监理与相关服务收费标准

附件：

建设工程监理与相关服务收费标准

1 总则

1.0.1 建设工程监理与相关服务是指监理人接受发包人的委托，提供建设工程施工阶段的质量、进度、费用控制管理和安全生产监督管理、合同、信息等方面协调管理服务，以及勘察、设计、保修等阶段的相关服务。各阶段的工作内容见《建设工程监理与相关服务的主要工作内容》（附表一）。

1.0.2 建设工程监理与相关服务收费包括建设工程施工阶段的工程监理（以下简称"施工监理"）服务收费和勘察、设计、保修等阶段的相关服务（以下简称"其他阶段的相关服务"）收费。

1.0.3 铁路、水运、公路、水电、水库工程的施工监理服务收费按建筑安装工程费分档定额计费方式计算收费。其他工程的施工监理服务收费按照建设项目工程概算投资额分档定额计费方式计算收费。

1.0.4 其他阶段的相关服务收费一般按相关服务工作所需工日和《建设工程监理与相关服务人员人工日费用标准》（附表四）收费。

1.0.5 施工监理服务收费按照下列公式计算：

（1）施工监理服务收费＝施工监理服务收费基准价×（1±浮动幅度值）

（2）施工监理服务收费基准价＝施工监理服务收费基价×专业调整系数×工程复杂程度调整系数×高程调整系数

1.0.6 施工监理服务收费基价

施工监理服务收费基价是完成国家法律法规、规范规定的施工阶段监理基本服务内容的价格。施工监理服务收费基价按《施工监理服务收费基价表》（附表二）确定，计费额处于两个数值区间的，采用直线内插法确定施工监理服务收费基价。

1.0.7 施工监理服务收费基准价

施工监理服务收费基准价是按照本收费标准规定的基价和1.0.5（2）计算出的施工监理服务基准收费额。发包人与监理人根据项目的实际情况，在规定的浮动幅度范围内协商确定施工监理服务收费合同额。

1.0.8 施工监理服务收费的计费额

施工监理服务收费以建设项目工程概算投资额分档定额计费方式收费的，其计费额为工程概算中的建筑安装工程费、设备购置费和联合试运转费之和，即工程概算投资额。对设备购置费和联合试运转费占工程概算投资额40％以上的工程项目，其建筑安装工程费全部计入计费额，设备购置费和联合试运转费按40％的比例计入计费额。但其计费额不应小于建筑安装工程费与其相同且设备购置费和联合试运转费等于工程概算投资额40％的工程项目的计费额。

工程中有利用原有设备并进行安装调试服务的，以签订工程监理合同时同类设备的当期价格作为施工监理服务收费的计费额；工程中有缓配设备的，应扣除签订工程监理合同时同类设备的当期价格作为施工监理服务收费的计费额；工程中有引进设备的，按照购进设备的离岸价格折换成人民币作为施工监理服务收费的计费额。

施工监理服务收费以建筑安装工程费分档定额计费方式收费的，其计费额为工程概算中的建筑安装工程费。

作为施工监理服务收费计费额的建设项目工程概算投资额或建筑安装工程费均指每个监理合同中约定的工程项目范围的计费额。

1.0.9　施工监理服务收费调整系数

施工监理服务收费调整系数包括：专业调整系数、工程复杂程度调整系数和高程调整系数。

（1）专业调整系数是对不同专业建设工程的施工监理工作复杂程度和工作量差异进行调整的系数。计算施工监理服务收费时，专业调整系数在《施工监理服务收费专业调整系数表》（附表三）中查找确定。

（2）工程复杂程度调整系数是对同一专业建设工程的施工监理复杂程度和工作量差异进行调整的系数。工程复杂程度分为一般、较复杂和复杂三个等级，其调整系数分别为：一般（Ⅰ级）0.85；较复杂（Ⅱ级）1.0；复杂（Ⅲ级）1.15。计算施工监理服务收费时，工程复杂程度在相应章节的《工程复杂程度表》中查找确定。

（3）高程调整系数如下：

海拔高程 2001m 以下的为 1；

海拔高程 2001～3000m 为 1.1；

海拔高程 3001～3500m 为 1.2；

海拔高程 3501～4000m 为 1.3；

海拔高程 4001m 以上的，高程调整系数由发包人和监理人协商确定。

1.0.10　发包人将施工监理服务中的某一部分工作单独发包给监理人，按照其占施工监理服务工作量的比例计算施工监理服务收费，其中质量控制和安全生产监督管理服务收费不宜低于施工监理服务收费额的 70%。

1.0.11　建设工程项目施工监理服务由两个或者两个以上监理人承担的，各监理人按照其占施工监理服务工作量的比例计算施工监理服务收费。发包人委托其中一个监理人对建设工程项目施工监理服务总负责的，该监理人按照各监理人合计监理服务收费额的 4%～6%向发包人收取总体协调费。

1.0.12 本收费标准不包括本总则 1.0.1 以外的其他服务收费。其他服务收费，国家有规定的，从其规定；国家没有规定的，由发包人与监理人协商确定。

水利、发电、送电、变电、核能工程复杂程度表

等级	工程特征
Ⅰ级	1. 单机容量 200MW 及以下凝汽式机组发电工程，燃气轮机发电工程，50MW 及以下供热机组发电工程； 2. 电压等级 220kV 及以下的送电、变电工程； 3. 最大坝高<70m，边坡高度<50m，基础处理深度<20m 的水库水电工程； 4. 施工明渠导流建筑物与土石围堰； 5. 总装机容量<50MW 的水电工程； 6. 单洞长度<1km 的隧洞； 7. 无特殊环保要求。
Ⅱ级	1. 单机容量 300MW～600MW 凝汽式机组发电工程，单机容量 50MW 以上供热机组发电工程，新能源发电工程（可再生能源、风电、潮汐等）； 2. 电压等级 330kV 的送电、变电工程； 3. 70m≤最大坝高<100m 或 1000 万 m^3≤库容<1 亿 m^3 的水库水电工程； 4. 地下洞室的跨度<15m，50m≤边坡高度<100m，20m≤基础处理深度<40m 的水库水电工程； 5. 施工隧洞导流建筑物（洞径<10m）或混凝土围堰（最大堰高<20m）； 6. 50MW≤总装机容量<1000MW 的水电工程； 7. 1km≤单洞长度<4km 的隧洞； 8. 工程位于省级重点环境（生态）保护区内，或毗邻省级重点环境（生态）保护区，有较高环保要求。

等级	工程特征
Ⅲ级	1. 单机容量 600MW 以上凝汽式机组发电工程； 2. 换流站工程，电压等级≥500kV 送电、变电工程； 3. 核能工程； 4. 最大坝高≥100m 或库容≥1 亿 m^3 的水库水电工程； 5. 地下洞室的跨度≥15m，边坡高度≥100m，基础处理深度≥40m 的水库水电工程； 6. 施工隧洞导流建筑物（洞径≥10m）或混凝土围堰（最大堰高≥20m）； 7. 总装机容量≥1000MW 的水库水电工程； 8. 单洞长度≥4km 的水工隧洞； 9. 工程位于国家级重点环境（生态）保护区内，或毗邻国家级重点环境（生态）保护区，有特殊的环保要求。

其他水利工程复杂程度表

等级	工程特征
Ⅰ级	1. 流量<15m^3/s 的引调水渠道管线工程； 2. 堤防等级Ⅴ级的河道治理建（构）筑物及河道堤防工程； 3. 灌区田间工程； 4. 水土保持工程。
Ⅱ级	1. 15m^3/s≤流量<25m^3/s 的引调水渠道管线工程； 2. 引调水工程中的建筑物工程； 3. 丘陵、山区、沙漠地区的引调水渠道管线工程； 4. 堤防等级Ⅲ、Ⅳ级的河道治理建（构）筑物及河道堤防工程。
Ⅲ级	1. 流量≥25m^3/s 的引调水渠道管线工程； 2. 丘陵、山区、沙漠地区的引调水建筑物工程； 3. 堤防等级Ⅰ、Ⅱ级的河道治理建（构）筑物及河道堤防工程； 4. 护岸、防波堤、围堰、人工岛、围垦工程，城镇防洪、河口整治工程。

附表一 　　　　建设工程监理与相关服务的主要工作内容

服务阶段	主要工作内容	备　注
勘察阶段	协助发包人编制勘察要求、选择勘察单位，核查勘察方案并监督实施和进行相应的控制，参与验收勘察成果。	建设工程勘察、设计、施工、保修等阶段监理与相关服务的具体工作内容执行国家、行业有关规范、规定。
设计阶段	协助发包人编制设计要求、选择设计单位，组织评选设计方案，对各设计单位进行协调管理，监督合同履行，审查设计进度计划并监督实施，核查设计大纲和设计深度、使用技术规范合理性，提出设计评估报告（包括各阶段设计的核查意见和优化建议），协助审核设计概算。	
施工阶段	施工过程中的质量、进度、费用控制，安全生产监督管理、合同、信息等方面的协调管理。	
保修阶段	检查和记录工程质量缺陷，对缺陷原因进行调查分析并确定责任归属，审核修复方案，监督修复过程并验收，审核修复费用。	

附表二 　　　　　　　施工监理服务收费基价表 　　　　单位：万元

序号	计费额	收费基价	序号	计费额	收费基价
1	500	16.5	9	60000	991.4
2	1000	30.1	10	80000	1255.8
3	3000	78.1	11	100000	1507.0
4	5000	120.8	12	200000	2712.5
5	8000	181.0	13	400000	4882.6
6	10000	218.6	14	600000	6835.6
7	20000	393.4	15	800000	8658.4
8	40000	708.2	16	1000000	10390.1

注 计费额大于1000000万元的，以计费额乘以1.039％的收费率计算收费基价。其他未包含的收费由双方协商议定。

附表三　　　　　　施工监理服务收费专业调整系数表

工程类型	专业调整系数
4. 水利电力工程	
风力发电、其他水利工程	0.9
火电工程、送变电工程	1.0
核能、水电、水库工程	1.2

附表四　　　建设工程监理与相关服务人员人工日费用标准

建设工程监理与相关服务人员职级	工日费用标准（元）
一、高级专家	1000~1200
二、高级专业技术职称的监理与相关服务人员	800~1000
三、中级专业技术职称的监理与相关服务人员	600~800
四、初级及以下专业技术职称监理与相关服务人员	300~600

注　本表适用于提供短期服务的人工费用标准。

附录 3

水利工程建设监理规定

水利部令第 28 号

《水利工程建设监理规定》已经 2006 年 11 月 9 日水利部部务会议审议通过，现予公布，自 2007 年 2 月 1 日起施行。

部　长　汪恕诚
二○○六年十二月十八日

水利工程建设监理规定

(2006 年 12 月 18 日水利部令第 28 号发布 根据 2017 年 12 月 22 日《水利部关于废止和修改部分规章的决定》修正)

第一章　总　　则

第一条　为规范水利工程建设监理活动，确保工程建设质量，根据《中华人民共和国招标投标法》、《建设工程质量管理条例》、《建设工程安全生产管理条例》等法律法规，结合水利工程建设实际，制定本规定。

第二条　从事水利工程建设监理以及对水利工程建设监理实施监督管理，适用本规定。

本规定所称水利工程是指防洪、排涝、灌溉、水力发电、引（供）水、滩涂治理、水土保持、水资源保护等各类工程（包括新建、扩建、改建、加固、修复、拆除等项目）及其配套和附属工程。

本规定所称水利工程建设监理，是指具有相应资质的水利工程建设监理单位（以下简称监理单位），受项目法人（建设单位，下同）委托，按照监理合同对水利工程建设项目实施中的质量、进度、资金、安全生产、环境保护等进行的管理活动，包括水利工程施工监理、水土保持工程施工监理、机电及金属结构设备制造监理、水利工程建设环境保护监理。

第三条 水利工程建设项目依法实行建设监理。

总投资 200 万元以上且符合下列条件之一的水利工程建设项目，必须实行建设监理：

（一）关系社会公共利益或者公共安全的；

（二）使用国有资金投资或者国家融资的；

（三）使用外国政府或者国际组织贷款、援助资金的。

铁路、公路、城镇建设、矿山、电力、石油天然气、建材等开发建设项目的配套水土保持工程，符合前款规定条件的，应当按照本规定开展水土保持工程施工监理。

其他水利工程建设项目可以参照本规定执行。

第四条 水利部对全国水利工程建设监理实施统一监督管理。

水利部所属流域管理机构（以下简称流域管理机构）和县级以上地方人民政府水行政主管部门对其所管辖的水利工程建设监理实施监督管理。

第二章 监理业务委托与承接

第五条 按照本规定必须实施建设监理的水利工程建设项目，项目法人应当按照水利工程建设项目招标投标管理的规定，确定具有相应资质的监理单位，并报项目主管部门备案。

项目法人和监理单位应当依法签订监理合同。

第六条 项目法人委托监理业务，合同价格不得低于成本。

监理单位不得违反标准规范规定或合同约定，通过降低服务质量、减少服务内容等手段进行恶性竞争，扰乱正常市场秩序。

项目法人及其工作人员不得索取、收受监理单位的财物或者其他不正当利益。

第七条 监理单位应当按照水利部的规定，取得《水利工程建设监理单位资质等级证书》，并在其资质等级许可的范围内承揽水利工程建设监理业务。

两个以上具有资质的监理单位，可以组成一个联合体承接监理业务。联合体各方应当签订协议，明确各方拟承担的工作和责任，并将协议提交项目法人。联合体的资质等级，按照同一专业内资质等级较低的一方确定。联合体中标的，联合体各方应当共同与项目法人签订监理合同，就中标项目向项目法人承担连带责任。

第八条 监理单位与被监理单位以及建筑材料、建筑构配件和设备供应单位有隶属关系或者其他利害关系的，不得承担该项工程的建设监理业务。

监理单位不得以串通、欺诈、胁迫、贿赂等不正当竞争手段承揽水利工程建设监理业务。

第九条 监理单位不得允许其他单位或者个人以本单位名义承揽水利工程建设监理业务。

监理单位不得转让监理业务。

第三章 监理业务实施

第十条 监理单位应当聘用一定数量的监理人员从事水利工程建设监理业务。监理人员包括总监理工程师、监理工程师和监理员。总监理工程师、监理工程师应当具有监理工程师职业资格，总监理工程师还应当具有工程类高级专业技术职称。

监理工程师应当由其聘用监理单位（以下简称注册监理单

位）报水利部注册备案，并在其注册监理单位从事监理业务；需要临时到其他监理单位从事监理业务的，应当由该监理单位与注册监理单位签订协议，明确监理责任等有关事宜。

监理人员应当保守执（从）业秘密，并不得同时在两个以上水利工程项目从事监理业务，不得与被监理单位以及建筑材料、建筑构配件和设备供应单位发生经济利益关系。

第十一条 监理单位应当按下列程序实施建设监理：

（一）按照监理合同，选派满足监理工作要求的总监理工程师、监理工程师和监理员组建项目监理机构，进驻现场；

（二）编制监理规划，明确项目监理机构的工作范围、内容、目标和依据，确定监理工作制度、程序、方法和措施，并报项目法人备案；

（三）按照工程建设进度计划，分专业编制监理实施细则；

（四）按照监理规划和监理实施细则开展监理工作，编制并提交监理报告；

（五）监理业务完成后，按照监理合同向项目法人提交监理工作报告、移交档案资料。

第十二条 水利工程建设监理实行总监理工程师负责制。

总监理工程师负责全面履行监理合同约定的监理单位职责，发布有关指令，签署监理文件，协调有关各方之间的关系。

监理工程师在总监理工程师授权范围内开展监理工作，具体负责所承担的监理工作，并对总监理工程师负责。

监理员在监理工程师或者总监理工程师授权范围内从事监理辅助工作。

第十三条 监理单位应当将项目监理机构及其人员名单、监理工程师和监理员的授权范围书面通知被监理单位。监理实施期间监理人员有变化的，应当及时通知被监理单位。

监理单位更换总监理工程师和其他主要监理人员的，应当符合监理合同的约定。

第十四条 监理单位应当按照监理合同，组织设计单位等进行现场设计交底，核查并签发施工图。未经总监理工程师签字的施工图不得用于施工。

监理单位不得修改工程设计文件。

第十五条 监理单位应当按照监理规范的要求，采取旁站、巡视、跟踪检测和平行检测等方式实施监理，发现问题应当及时纠正、报告。

监理单位不得与项目法人或者被监理单位串通，弄虚作假、降低工程或者设备质量。

监理人员不得将质量检测或者检验不合格的建设工程、建筑材料、建筑构配件和设备按照合格签字。

未经监理工程师签字，建筑材料、建筑构配件和设备不得在工程上使用或者安装，不得进行下一道工序的施工。

第十六条 监理单位应当协助项目法人编制控制性总进度计划，审查被监理单位编制的施工组织设计和进度计划，并督促被监理单位实施。

第十七条 监理单位应当协助项目法人编制付款计划，审查被监理单位提交的资金流计划，按照合同约定核定工程量，签发付款凭证。

未经总监理工程师签字，项目法人不得支付工程款。

第十八条 监理单位应当审查被监理单位提出的安全技术措施、专项施工方案和环境保护措施是否符合工程建设强制性标准和环境保护要求，并监督实施。

监理单位在实施监理过程中，发现存在安全事故隐患的，应当要求被监理单位整改；情况严重的，应当要求被监理单位暂时停止施工，并及时报告项目法人。被监理单位拒不整改或者不停止施工的，监理单位应当及时向有关水行政主管部门或者流域管理机构报告。

第十九条 项目法人应当向监理单位提供必要的工作条件，支持监理单位独立开展监理业务，不得明示或者暗示监理单位违反法律法规和工程建设强制性标准，不得更改总监理工程师指令。

第二十条 项目法人应当按照监理合同，及时、足额支付监理单位报酬，不得无故削减或者拖延支付。

项目法人可以对监理单位提出并落实的合理化建议给予奖励。奖励标准由项目法人与监理单位协商确定。

第四章 监 督 管 理

第二十一条 县级以上人民政府水行政主管部门和流域管理机构应当加强对水利工程建设监理活动的监督管理，对项目法人和监理单位执行国家法律法规、工程建设强制性标准以及履行监理合同的情况进行监督检查。

项目法人应当依据监理合同对监理活动进行检查。

第二十二条 县级以上人民政府水行政主管部门和流域管理机构在履行监督检查职责时，有关单位和人员应当客观、如实反映情况，提供相关材料。

县级以上人民政府水行政主管部门和流域管理机构实施监督检查时，不得妨碍监理单位和监理人员正常的监理活动，不得索取或者收受被监督检查单位和人员的财物，不得谋取其他不正当利益。

第二十三条 县级以上人民政府水行政主管部门和流域管理机构在监督检查中，发现监理单位和监理人员有违规行为的，应当责令纠正，并依法查处。

第二十四条 任何单位和个人有权对水利工程建设监理活动中的违法违规行为进行检举和控告。有关水行政主管部门和流域管理机构以及有关单位应当及时核实、处理。

第五章　罚　　则

第二十五条　项目法人将水利工程建设监理业务委托给不具有相应资质的监理单位，或者必须实行建设监理而未实行的，依照《建设工程质量管理条例》第五十四条、第五十六条处罚。

项目法人对监理单位提出不符合安全生产法律、法规和工程建设强制性标准要求的，依照《建设工程安全生产管理条例》第五十五条处罚。

第二十六条　项目法人及其工作人员收受监理单位贿赂、索取回扣或者其他不正当利益的，予以追缴，并处违法所得 3 倍以下且不超过 3 万元的罚款；构成犯罪的，依法追究有关责任人员的刑事责任。

第二十七条　监理单位有下列行为之一的，依照《建设工程质量管理条例》第六十条、第六十一条、第六十二条、第六十七条、第六十八条处罚：

（一）超越本单位资质等级许可的业务范围承揽监理业务的；

（二）未取得相应资质等级证书承揽监理业务的；

（三）以欺骗手段取得的资质等级证书承揽监理业务的；

（四）允许其他单位或者个人以本单位名义承揽监理业务的；

（五）转让监理业务的；

（六）与项目法人或者被监理单位串通，弄虚作假、降低工程质量的；

（七）将不合格的建设工程、建筑材料、建筑构配件和设备按照合格签字的；

（八）与被监理单位以及建筑材料、建筑构配件和设备供应单位有隶属关系或者其他利害关系承担该项工程建设监理业务的。

第二十八条　监理单位有下列行为之一的，责令改正，给予警告；无违法所得的，处 1 万元以下罚款，有违法所得的，予以追缴，处违法所得 3 倍以下且不超过 3 万元罚款；情节严重的，降低资质等级；构成犯罪的，依法追究有关责任人员的刑事责任：

（一）以串通、欺诈、胁迫、贿赂等不正当竞争手段承揽监理业务的；

（二）利用工作便利与项目法人、被监理单位以及建筑材料、建筑构配件和设备供应单位串通，谋取不正当利益的。

第二十九条　监理单位有下列行为之一的，依照《建设工程安全生产管理条例》第五十七条处罚：

（一）未对施工组织设计中的安全技术措施或者专项施工方案进行审查的；

（二）发现安全事故隐患未及时要求施工单位整改或者暂时停止施工的；

（三）施工单位拒不整改或者不停止施工，未及时向有关水行政主管部门或者流域管理机构报告的；

（四）未依照法律、法规和工程建设强制性标准实施监理的。

第三十条　监理单位有下列行为之一的，责令改正，给予警告；情节严重的，降低资质等级：

（一）聘用无相应监理人员资格的人员从事监理业务的；

（二）隐瞒有关情况、拒绝提供材料或者提供虚假材料的。

第三十一条　监理人员从事水利工程建设监理活动，有下列行为之一的，责令改正，给予警告；其中，监理工程师违规情节严重的，注销注册证书，2 年内不予注册；有违法所得的，予以追缴，并处 1 万元以下罚款；造成损失的，依法承担赔偿责任；构成犯罪的，依法追究刑事责任：

（一）利用执（从）业上的便利，索取或者收受项目法人、被监理单位以及建筑材料、建筑构配件和设备供应单位财物的；

（二）与被监理单位以及建筑材料、建筑构配件和设备供应单位串通，谋取不正当利益的；

（三）非法泄露执（从）业中应当保守的秘密的。

第三十二条　监理人员因过错造成质量事故的，责令停止执（从）业 1 年，其中，监理工程师因过错造成重大质量事故的，注销注册证书，5 年内不予注册，情节特别严重的，终身不予注册。

监理人员未执行法律、法规和工程建设强制性标准的，责令停止执（从）业 3 个月以上 1 年以下，其中，监理工程师违规情节严重的，注销注册证书，5 年内不予注册，造成重大安全事故的，终身不予注册；构成犯罪的，依法追究刑事责任。

第三十三条　水行政主管部门和流域管理机构的工作人员在工程建设监理活动的监督管理中玩忽职守、滥用职权、徇私舞弊的，依法给予处分；构成犯罪的，依法追究刑事责任。

第三十四条　依法给予监理单位罚款处罚的，对单位直接负责的主管人员和其他直接责任人员处单位罚款数额百分之五以上、百分之十以下的罚款。

监理单位的工作人员因调动工作、退休等原因离开该单位后，被发现在该单位工作期间违反国家有关工程建设质量管理规定，造成重大工程质量事故的，仍应当依法追究法律责任。

第三十五条　降低监理单位资质等级、吊销监理单位资质等级证书的处罚以及注销监理工程师注册证书，由水利部决定；其他行政处罚，由有关水行政主管部门依照法定职权决定。

第六章　附　　则

第三十六条　本规定所称机电及金属结构设备制造监理是指对安装于水利工程的发电机组、水轮机组及其附属设施，以及闸门、压力钢管、拦污设备、起重设备等机电及金属结构设备生产制造过程中的质量、进度等进行的管理活动。

本规定所称水利工程建设环境保护监理是指对水利工程建设项目实施中产生的废（污）水、垃圾、废渣、废气、粉尘、噪声等采取的控制措施所进行的管理活动。

本规定所称被监理单位是指承担水利工程施工任务的单位，以及从事水利工程的机电及金属结构设备制造的单位。

第三十七条 监理单位分立、合并、改制、转让的，由继承其监理业绩的单位承担相应的监理责任。

第三十八条 有关水利工程建设监理的技术规范，由水利部另行制定。

第三十九条 本规定自 2007 年 2 月 1 日起施行。《水利工程建设监理规定》（水建管〔1999〕637 号）、《水土保持生态建设工程监理管理暂行办法》（水建管〔2003〕79 号）同时废止。

《水利工程设备制造监理规定》（水建管〔2001〕217 号）与本规定不一致的，依照本规定执行。

附录 4

国家发展改革委、建设部关于印发
《水利、水电、电力建设项目前期
工作工程勘察收费暂行规定》
的通知

发改价格〔2006〕1352 号

国务院有关部门，各省、自治区、直辖市发展改革委、物价局、
建设厅（委）：

为规范水利、水电、电力等建设项目前期工作工程勘察收费
行为，根据《建设项目前期工作咨询收费暂行规定》（计价格
〔1999〕1283 号）和《工程勘察设计收费管理规定》（计价格
〔2002〕10 号），我们制定了《水利、水电、电力建设项目前期
工作工程勘察收费暂行规定》。现印发给你们，请按照执行。

附：《水利、水电、电力建设项目前期工作工程勘察收费暂
行规定》

国家发展改革委　建设部
二〇〇六年七月十日

水利、水电、电力建设项目前期工作
工程勘察收费暂行规定

第一条　为规范水利、水电、电力等建设项目（下称"建设
项目"）前期工作工程勘察收费行为，根据《建设项目前期工作
咨询收费暂行规定》（计价格〔1999〕1283 号）和《工程勘察设计

收费管理规定》(计价格〔2002〕10号)的规定，制定本规定。

第二条　本规定适用于总投资估算额在500万元及以上的水利工程编制项目建议书、可行性研究阶段，电力工程编制初步可行性研究、可行性研究阶段（含核电工程项目前期工作工程勘察成果综合分析），以及水电工程预可行性研究阶段的工程勘察费。总投资估算额在500万元以下的建设项目前期工作工程勘察收费实行市场调节价。

第三条　工程勘察的发包与承包应当遵循公开、公平、自愿和诚实信用的原则。发包人依法有权自主选择勘察人，勘察人自主决定是否接受委托。

第四条　建设项目前期工作工程勘察收费是指勘察人根据发包人的委托，提供收集建设场地已有资料、现场踏勘、制订勘察纲要，进行测绘、勘探、取样、试验、测试、检测等勘察作业，以及编制项目前期工作工程勘察文件等服务收取的费用。

第五条　建设项目前期工作工程勘察收费实行政府指导价。其基准价按本规定附件计算，上浮幅度不超过20％，下浮幅度不超过30％。具体收费额由发包人与勘察人按基准价和浮动幅度协商确定。

第六条　建设项目前期工作工程勘察发生以下作业准备的，可按照相应工程勘察收费基准价的10％～20％另行收取。包括办理工程勘察相关许可，以及购买有关资料；拆除障碍物，开挖以及修复地下管线；修通至作业现场道路，接通电源、水源以及平整场地；勘察材料以及加工；勘察作业大型机具搬运；水上作业用船、排、平台以及水监等。

第七条　水利、水电工程项目前期工作可根据需要，由承担项目前期工作的单位加收前期工作工程勘察成果分析和工程方案编制费用。加收的编制费用按相应阶段水利、水电工程勘察收费基准价的30％～40％计收。工作内容按照相应的工程技术质量标准和规程规范的规定执行。主要包括工程建设必要性论证、工程开发任务编制、初选代表性坝（厂）址、初选工程规模、建设征地和移民安置初步规划、估算工程投资以及初步经济评价等。核电工程项目前期工作工程勘察成果综合加工费（含主体勘察协调费），按计价格〔2002〕10号文件中通用工程勘察收费基准价的22%～25%计收。

第八条 建设项目前期工作工程勘察收费的金额以及支付方式，由发包人和勘察人在工程勘察合同中约定。勘察人提供的勘察文件，应当符合国家规定的工程技术质量标准，满足合同约定的内容、质量等要求。

第九条 因发包人原因造成工程勘察工作量增加的，勘察人可依据约定向发包人另行收取相应费用。工程勘察质量达不到规定和约定的，勘察人应当返工，由于返工增加工作量的，勘察人不得另行向发包人收取费用，发包人还可依据合同扣减其勘察费用。由于勘察人工作失误给发包人造成经济损失的，应当按照合同约定依法承担相应的责任。

第十条 勘察人提供工程勘察文件的标准份数为4份，发包人要求增加勘察文件份数的，由发包人另行支付印制勘察文件工本费。

第十一条 建设项目前期工作工程勘察收费应严格执行国家有关价格法律、法规和规定，违反有关规定的，由政府价格主管部门依法予以处罚。

第十二条 本规定于2006年9月1日起实施。此前已签定合同的，双方可根据勘察工作进展情况和本规定重新协商收费额，协商不一致的按此前双方约定执行。

附件：一、水利、水电工程建设项目前期工作工程勘察收费
标准

二、电力工程建设项目前期工作工程勘察收费标准
（略）

附件一

水利、水电工程建设项目前期
工作工程勘察收费标准

一、本标准适用于水利工程编项目建议书、可行性研究阶段的工程勘察收费，水电工程（含潮汐发电工程）预可行性研究阶段的工程勘察收费。

二、水利水电工程项目前期工作工程勘察收费按照下列公式计算：

水利水电工程项目前期工作相应阶段工程勘察收费基准价＝水利水电工程前期工作工程勘察收费基价×相应阶段各占前期工作工程勘察工作量比例×工程类型调整系数×工程勘察复杂程度调整系数×附加方案及其它调整系数

1. 水利水电工程前期工作工程勘察收费基价表（金额单位：万元）

序号	投资估算值（计费额）	收费基价	序号	投资估算值（计费额）	收费基价
1	500	12.00	10	80，000	1，008.25
2	1，000	22.20	11	100，000	1，215.10
3	3，000	59.50	12	200，000	2，207.50
4	5，000	92.70	13	400，000	4，002.60
5	8，000	139.10	14	600，000	5，626.50
6	10，000	168.07	15	800，000	7，145.80
7	20，000	307.32	16	1，000，000	8，591.20
8	40，000	560.80	17	2，000，000	15，506.20
9	60，000	791.50			

注 投资估算值处于两个数值区间的，采用内插法确定工程勘察收费基价。投资估算值大于2，000，000万元的，收费基价增幅按投资估算额超出幅度的0.77％计算。

2. 项目前期工作相应阶段工作勘察各占前期工作工程勘察工作量比例。

（1）水电工程预可行性研究阶段勘察工作量比例按 28% 计取。

（2）各类水利工程前期工作各阶段勘察工作量比例表。

工程类别	阶段	项目建议书阶段（%）	可行性研究阶段（%）
水库工程		45	55
引调水工程；灌区骨干工程（支渠以上，下同）；河道治理工程；城市防护工程；河口整治工程；围垦工程	建筑物	38	62
	渠道管线、河道堤防	43	57
水土保持工程		40	60

3. 工程类型调整系数表

序号	工程类别		调整系数
1	水电工程		1.4
2	潮汐发电工程		1.7
3	水库工程		1.2
4	水土保持工程		0.61
5	引调水工程灌区骨干工程和河道治理工程	建筑物	1.08
		渠道管线、河道堤防	0.80
6	城市防护工程河口整治工程	建筑物	1.15
		其他工程	0.82
7	围垦工程	建筑物	1.03
		其他工程	0.75

4. 工程勘察复杂程度调整系数：水库工程和水电工程，根据复杂程度赋分表确定分值，再根据工程勘察复杂程度调整系数表确定复杂程度调整系数；其他水利工程直接查复杂程度调整系数表确定复杂程度调整系数。

水库、水电工程前期工作阶段工程勘察复杂程度赋分值表

序号	项目	赋分条件	分值	序号	项目	赋分条件	分值
1	坝高 H （m）	H＜30	－5	6	地质构造	简单	－2
		30≤H＜50	－2			中等	1
		50≤H＜70	1			较复杂	2
		70≤H＜150	3			复杂	3
		150≤H＜250	5	7	坝基或厂基覆盖层厚度	＜10m	－2
2	建筑物	一般土石坝	－1			10～20m	1
		常规重力坝	1			20～40m	2
		两种坝型或引水线路大于3km或抽水蓄能电站	2			40～60m	4
		拱坝、碾压混凝土坝、混凝土面板堆石坝，新坝型	3	8	水文地质	简单	－2
		大型地下洞室群	4			中等	1
3	岩石级别	Ⅴ级以下	－2			较复杂	2
		Ⅵ级岩石	0			复杂	3
		Ⅶ级岩石	1	9	库岸稳定	可能不稳定体＜10万 m^3	0
		Ⅷ、Ⅸ级岩石	2			可能不稳定体10万～100万 m^3	2
		Ⅹ级及以上	3			可能不稳定体100万～500万 m^3	3
4	地形地貌	简单	－2			可能不稳定体500万 m^3 以上	4
		中等	1	10	库区渗漏	无永久性渗漏	－1
		较复杂	2			断层或古河道渗漏	2
		复杂	3			单薄分水岭渗漏	3
5	地层岩性	均一	－2	11	水文勘察	简单	－1
		较均一	1			中等	1
		较复杂	2			复杂	3
		复杂	3				

水库、水电和其他水利工程前期工作阶段勘察复杂程度调整系数表

复杂程度调整系数	0.85	1.0	1.15
水库、水电工程	赋分值之和≤-3	赋分值之和-3~10	赋分值之和≥10
引调水建筑物工程	丘陵、山区、沙漠地区建筑物投资之和占全部建筑物总投资≤30%	丘陵、山区、沙漠地区建筑物投资之和占全部建筑物总投资≤60%	丘陵、山区、沙漠地区建筑物投资之和占全部建筑物总投资>60%
引调水渠道管线工程	丘陵、山区、沙漠地区渠道管线长度之和占总长度≤30%	丘陵、山区、沙漠地区渠道管线长度之和占总长度≤60%	丘陵、山区、沙漠地区渠道管线长度之和占总长度>60%
河道治理建筑物及河道堤防工程	堤防等级Ⅴ级	堤防等级Ⅲ、Ⅳ级	堤防等级Ⅰ、Ⅱ级
其他		水土保持工程	

5. 水利水电工程前期工作工程勘察附加方案及其他调整系数表

序号	项目	工作内容	调整系数
1	坝址比较	一个或一条	0.7~1
2		三个或三条	1~1.3
3	引水线路比较	两条以上（含两条）	1~1.2
4	岩溶地区	岩溶地区勘察	1~1.2
5	河床覆盖层厚度	>60m	1~1.1
6	地震设防烈度	≥8度	1.1~1.2
7	高坝勘察	>250m	1~1.1

序号	项目	工作内容	调整系数
8	深埋长隧洞	埋深＞1000m，长度＞8km	1～1.2
9	线路勘察	两条以上	1.05～1.5

注 1. 高程附加调整系数按计价格〔2002〕10 号规定执行。

2. 附加方案调整系数为两个或两个以上的，不得连乘，应当先将各调整系数相加，然后减去附加调整系数的个数，再加上定值 1，作为附加方案调整系数的取值。

3. 水库、水电等工程淹没处理区处理补偿费和施工转辅助工程费列入计费额的比例，视承担工作量的大小取全额或部分费用列入计费额，具体比例由发包人和勘察人协商确定。不承担上述工作内容的不列入计费额。

附录 5

国家计委关于印发《建设项目前期
工作咨询收费暂行规定》的通知

计价格〔1999〕1283号

各省、自治区、直辖市物价局（委员会）、计委（计经委），中国
工程咨询协会：

为规范建筑项目前期工作咨询收费行为，维护委托人和工程
咨询机构的合法权益，促进工程咨询业的健康发展，我委制定了
《建设项目前期工作咨询收费暂行规定》，现印发给你们，请按照
执行，并将执行中遇到的问题及时反馈我委。

附：建设项目前期工作咨询收费暂行规定

国家发展计划委员会
一九九九年九月十日

建设项目前期工作咨询收费暂行规定

第一条　为提高建设项目前期工作质量，促进工程咨询社会
化、市场化，规范工程咨询收费行为，根据《中华人民共和国价
格法》及有关法律法规，制定本规定。

第二条　本规定适用于建设项目前期工作的咨询收费，包括
建设项目专题研究、编制和评估项目建议书或者可行性研究报
告，以及其它与建设项目前期工作有关的咨询服务收费。

第三条　建设项目前期工作咨询服务，应遵循自愿原则，委
托方自主决定选择工程咨询机构，工程咨询机构自主决定是否接

受委托。

第四条 从事工程咨询机构，必须取得相应工程咨询资格证书，具有法人资格，并依法纳税。

第五条 工程咨询机构应遵守国家法律、法规和行业行为准则，开展公平竞争，不得采取不正当手段承揽业务。

第六条 工程咨询机构提供咨询服务，应遵循客观、科学、公平、公正原则，符合国家经济技术政策、规定，符合委托方的技术、质量要求。

第七条 工程咨询机构承担编制建设项目的项目建议书、可行性研究报告、初步设计文件的，不能再参与同一建设项目的项目建议书、可行性研究报告以及工程设计文件的咨询评估业务。

第八条 工程咨询收费实行政府指导价。具体收费标准由工程咨询机构与委托方根据本规定的指导性收费标准协商确定。

第九条 工程咨询收费根据不同工程咨询项目的性质、内容，采取以下方法计取费用：

（一）按建设项目估算投资额，分档计算工程咨询费用（见附件一、二）。

（二）按工程咨询工作所耗工日计算工程咨询费用（见附件三）。

按照前款两种方法不便于计费的，可以参照本规定的工日费用标准由工程咨询机构与委托方议定。但参照工日计算的收费额，不得超过按估算投资额分档计费方式计算的收费额。

第十条 采取按建设项目估算投资额分档计费的，以建设项目的项目建议书或者可行性研究报告的估算投资为计费依据。使用工程咨询机构推荐方案计算的投资与原估算投资发生增减变化时，咨询收费不再调整。

第十一条 工程咨询机构在编制项目建议书或者可行性研究报告时需要勘察、试验，评估项目建议书或者可行性研究报告时需要对勘察、试验数据进行复核，工作量明显增加需要加收费用的，可由双方另行协商加收的费用额和支付方式。

第十二条　工程咨询服务中，工程咨询机构提供自有专利、专有技术，需要另行支付费用的，国家有规定的，按规定执行；没有规定的，由双方协商费用额和支付方式。

第十三条　建设项目前期工作咨询应体现优质优价原则，优质优价的具体幅度由双方在规定的收费标准的基础上协商确定。

第十四条　工程咨询费用，由委托方与工程咨询机构依据本规定，在工程咨询合同中以专门条款确定费用数额及支付方式。

第十五条　工程咨询机构按合同收取咨询费用后，不得再要求委托方无偿提供食宿、交通等便利。

第十六条　工程咨询机构对外聘专家的付费按工日费用标准计算并支付，外聘专家，如有从业单位的，专家费用应支付给专家从业单位。

第十七条　委托方应按合同规定及时向工程咨询机构提供开展咨询业务所必需的工作条件和资料。由于委托方原因造成咨询工作量增加或延长工程咨询期限的，工程咨询机构可与委托方协商加收费用。

第十八条　工程咨询机构提交的咨询成果达不到合同规定标准的，应负责完善，委托方不另支付咨询费。

第十九条　工程咨询合同履行过程中，由于咨询机构失误造成委托方损失的，委托方可扣减或者追回部分以至全部咨询费用，对造成的直接经济损失，咨询机构应部分或全部赔偿。

第二十条　涉外工程咨询业务中有特殊要求的，工程咨询机构可与委托方参照国外有关收费办法协商确定咨询费用。

第二十一条　建设项目投资额在3000万元以下的和除编制、评估项目建议书或者可行性研究报告以外的其他建设项目前期工作咨询服务的收费标准，由各省、自治区、直辖市价格主管部门会同同级计划部门制定。

第二十二条 本规定由各级价格主管部门监督执行。

第二十三条 本规定由国家发展计划委员会负责解释。

第二十四条 本规定自发布之日起执行。

附件：

一、按建设项目估算投资额分档收费标准

二、按建设项目估算投资额分档收费的调整系数

三、工程咨询人员工日费用标准

附件一

一、按建设项目估算投资额分档收费标准 单位：万元

咨询评估项目 ＼ 估算投资额	3000万元— 1亿元	1亿元— 5亿元	5亿元— 10亿元	10亿元— 50亿元	50亿元 以上
一、编制项目建议书	6—14	14—37	37—55	55—100	100—125
二、编制可行性研究报告	12—28	28—75	75—110	110—200	200—250
三、评估项目建议书	4—8	8—12	12—15	15—17	17—20
四、评估可行性研究报告	5—10	10—15	15—20	20—25	25—35

注 1. 建设项目估算投资额是指项目建议书或者可行性研究报告的估算投资额。

2. 建设项目的具体收费标准，根据估算投资额在相对应的区间内用插入法计算。

3. 根据行业特点和各行业内部不同类别工程的复杂程度，计算咨询费用时可分别乘以行业调整系数和工程复杂程度调整系数（见附表二）。

附件二

二、按建设项目估算投资额分档收费的调整系数

行　　业	调整系数 （以表一所列收费标准为1）
一、行业调整系数	
1. 石化、化工、钢铁	1.3
2. 石油、天然气、水利、水电、交通（水运）、化纤	1.2

行　业	调整系数 （以表一所列收费标准为1）
3．有色、黄金、纺织、轻工、邮电、广播电视、医药、煤炭、火电（含核电）、机械（含船舶、航空、航天、兵器）	1.0
4．林业、商业、粮食、建筑	0.8
5．建材、交通（公路）、铁道、市政公用工程	0.7
二、工程复杂程度调整系数	0.8—1.2

注　工程复杂程度具体调整系数由工程咨询机构与委托单位根据各类工程情况协商
　　确定。

附件三

三、工程咨询人员工日费用标准　　　　单位：元

咨询人员职级	工日费用标准
一、高级专家	1000—1200
二、高级专业技术职称的咨询人员	800—1000
三、中级专业技术职称的咨询人员	600—800

附录 6

国家计委、建设部关于发布《工程勘察设计收费管理规定》的通知

计价格〔2002〕10 号

国务院各有关部门，各省、自治区、直辖市计委、物价局，建设厅：

为贯彻落实《国务院办公厅转发建设部等部门关于工程勘察设计单位体制改革若干意见的通知》（国办发〔1999〕101 号），调整工程勘察设计收费标准，规范工程勘察设计收费行为，国家计委、建设部制定了《工程勘察设计收费管理规定》（以下简称《规定》），现予发布，自二○○二年三月一日起施行。原国家物价局、建设部颁发的《关于发布工程勘察和工程设计收费标准的通知》（〔1992〕价费字 375 号）及相关附件同时废止。

本《规定》施行前，已完成建设项目工程勘察或者工程设计合同工作量 50％以上的，勘察设计收费仍按原合同执行；已完成工程勘察或者工程设计合同工作量不足 50％的，未完成部分的勘察设计收费由发包人与勘察人、设计人参照本《规定》协商解决。

附件：工程勘察设计收费管理规定

二○○二年一月七日

附件：

工程勘察设计收费管理规定

第一条 为了规范工程勘察设计收费行为，维护发包人和勘

察人、设计人的合法权益，根据《中华人民共和国价格法》以及有关法律、法规，制定本规定及《工程勘察收费标准》和《工程设计收费标准》。

第二条 本规定及《工程勘察收费标准》和《工程设计收费标准》，适用于中华人民共和国境内建设项目的工程勘察和工程设计收费。

第三条 工程勘察设计的发包与承包应当遵循公开、公平、公正、自愿和诚实信用的原则。依据《中华人民共和国招标投标法》和《建设工程勘察设计管理条例》，发包人有权自主选择勘察人、设计人，勘察人、设计人自主决定是否接受委托。

第四条 发包人和勘察人、设计人应当遵循国家有关价格法律、法规的规定，维护正常的价格秩序，接受政府价格主管部门的监督、管理。

第五条 工程勘察和工程设计收费根据建设项目投资额的不同情况，分别实行政府指导价和市场调节价。建设项目总投资估算额 500 万元及以上的工程勘察和工程设计收费实行政府指导价；建设项目总投资估算额 500 万元以下的工程勘察和工程设计收费实行市场调节价。

第六条 实行政府指导价的工程勘察和工程设计收费，其基准价根据《工程勘察收费标准》或者《工程设计收费标准》计算，除本规定第七条另有规定者外，浮动幅度为上下 20%。发包人和勘察人、设计人应当根据建设项目的实际情况在规定的浮动幅度内协商确定收费额。

实行市场调节价的工程勘察和工程设计收费，由发包人和勘察人、设计人协商确定收费额。

第七条 工程勘察费和工程设计费，应当体现优质优价的原则。工程勘察和工程设计收费实行政府指导价的，凡在工程勘察设计中采用新技术、新工艺、新设备、新材料，有利于提高建设项目经济效益、环境效益和社会效益的，发包人和勘察人、设计人可以在上浮 25％的幅度内协商确定收费额。

第八条　勘察人和设计人应当按照《关于商品和服务实行明码标价的规定》，告知发包人有关服务项目、服务内容、服务质量、收费依据，以及收费标准。

第九条　工程勘察费和工程设计费的金额以及支付方式，由发包人和勘察人、设计人在《工程勘察合同》或者《工程设计合同》中约定。

第十条　勘察人或者设计人提供的勘察文件或者设计文件，应当符合国家规定的工程技术质量标准，满足合同约定的内容、质量等要求。

第十一条　由于发包人原因造成工程勘察、工程设计工作量增加或者工程勘察现场停工、窝工的，发包人应当向勘察人、设计人支付相应的工程勘察费或者工程设计费。

第十二条　工程勘察或者工程设计质量达不到本规定第十条规定的，勘察人或者设计人应当返工。由于返工增加工作量的，发包人不另外支付工程勘察费或者工程设计费。由于勘察人或者设计人工作失误给发包人造成经济损失的，应当按照合同约定承担赔偿责任。

第十三条　勘察人、设计人不得欺骗发包人或者与发包人互相串通，以增加工程勘察工作量或者提高工程设计标准等方式，多收工程勘察费或者工程设计费。

第十四条　违反本规定和国家有关价格法律、法规规定的，由政府价格主管部门依据《中华人民共和国价格法》、《价格违法行为行政处罚规定》予以处罚。

第十五条　本规定及所附《工程勘察收费标准》和《工程设计收费标准》，由国家发展计划委员会负责解释。

第十六条　本规定自二〇〇二年三月一日起施行。

工程勘察收费标准（摘录）

1 总则

1.0.1 工程勘察收费是指勘察人根据发包人的委托，收集已有资料、现场踏勘、制订勘察纲要，进行测绘、勘探、取样、试验、测试、检测、监测等勘察作业，以及编制工程勘察文件和岩土工程设计文件等收取的费用。

1.0.2 工程勘察收费标准分为通用工程勘察收费标准和专业工程勘察收费标准。

1 通用工程勘察收费标准适用于工程测量、岩土工程勘察、岩土工程设计与检测监测、水文地质勘察、工程水文气象勘察、工程物探、室内试验等工程勘察的收费。

2 专业工程勘察收费标准分别适用于煤炭、水利水电、电力、长输管道、铁路、公路、通信、海洋工程等工程勘察的收费。专业工程勘察中的一些项目可以执行通用工程勘察收费标准。

1.0.3 通用工程勘察收费采取实物工作量定额计费方法计算，由实物工作收费和技术工作收费两部分组成。

专业工程勘察收费方法和标准，分别在煤炭、水利水电、电力、长输管道、铁路、公路、通信、海洋工程等章节中规定。

1.0.4 通用工程勘察收费按照下列公式计算

1 工程勘察收费＝工程勘察收费基准价×（1±浮动幅度值）

2 工程勘察收费基准价＝工程勘察实物工作收费＋工程勘察技术工作收费

3 工程勘察实物工作收费＝工程勘察实物工作收费基价×实物工作量×附加调整系数

4 工程勘察技术工作收费＝工程勘察实物工作收费×技术工作收费比例

1.0.5 工程勘察收费基准价

工程勘察收费基准价是按照本收费标准计算出的工程勘察基准收费额，发包人和勘察人可以根据实际情况在规定的浮动幅度内协商确定工程勘察收费合同额。

1.0.6 工程勘察实物工作收费基价

工程勘察实物工作收费基价是完成每单位工程勘察实物工作内容的基本价格。工程勘察实物工作收费基价在相关章节的《实物工作收费基价表》中查找确定。

1.0.7 实物工作量

实物工作量由勘察人按照工程勘察规范、规程的规定和勘察作业实际情况在勘察纲要中提出，经发包人同意后，在工程勘察合同中约定。

1.0.8 附加调整系数

附加调整系数是对工程勘察的自然条件、作业内容和复杂程度差异进行调整的系数。附加调整系数分别列于总则和各章节中。附加调整系数为两个或者两个以上的，附加调整系数不能连乘。将各附加调整系数相加，减去附加调整系数的个数，加上定值1，作为附加调整系数值。

1.0.9 在气温（以当地气象台、站的气象报告为准）≥35℃或者≤−10℃条件下进行勘察作业时，气温附加调整系数为1.2。

1.0.10 在海拔高程超过2000m地区进行工程勘察作业时，高程附加调整系数如下：

海拔高程2000～3000m为1.1

海拔高程3001～3500m为1.2

海拔高程3501～4000m为1.3

海拔高程4001m以上的，高程附加调整系数由发包人与勘察人协商确定。

1.0.11 建设项目工程勘察由两个或者两个以上勘察人承担的，

其中对建设项目工程勘察合理性和整体性负责的勘察人，按照该建设项目工程勘察收费基准价的5％加收主体勘察协调费。

1.0.12 工程勘察收费基准价不包括以下费用：办理工程勘察相关许可，以及购买有关资料费；拆除障碍物，开挖以及修复地下管线费；修通至作业现场道路，接通电源、水源以及平整场地费；勘察材料以及加工费；水上作业用船、排、平台以及水监费；勘察作业大型机具搬运费；青苗、树木以及水域养殖物赔偿费等。

发生以上费用的，由发包人另行支付。

1.0.13 工程勘察组日、台班收费基价如下：

工程测量、岩土工程验槽、检测监测、工程物探	1000 元/组日
岩土工程勘察	1360 元/台班
水文地质勘察	1680 元/台班

1.0.14 勘察人提供工程勘察文件的标准份数为4份。发包人要求增加勘察文件份数的，由发包人另行支付印制勘察文件工本费。

1.0.15 本收费标准不包括本总则1.0.1以外的其他服务收费。其他服务收费，国家有收费规定的，按照规定执行；国家没有收费规定的，由发包人与勘察人协商确定。

10 水利水电工程勘察

10.1 说明

10.1.1 本章为水库、引调水、河道治理、灌区、水电站、潮汐发电、水土保持等工程初步设计、招标设计和施工图设计阶段的工程勘察收费。

10.1.2 单独委托的专项工程勘察、风力发电工程勘察，执行通用工程勘察收费标准。

10.1.3 水利水电工程勘察按照建设项目单项工程概算投资额分档定额计费方法计算收费，计算公式如下：

工程勘察收费＝工程勘察收费基准价×（1±浮动幅度值）

工程勘察收费基准价＝基本勘察收费＋其他勘察收费

基本勘察收费＝工程勘察收费基价×专业调整系数×工程复杂程度调整系数×附加调整系数

10.1.4 水利水电工程勘察收费的计费额、基本勘察收费、其他勘察收费及调整系数等，《工程勘察收费标准》中未做规定的，按照《工程设计收费标准》规定的原则确定。

10.1.5 水利水电工程勘察收费基价是完成水利水电工程基本勘察服务的价格。

10.1.6 水利水电工程勘察作业准备费按照工程勘察收费基准价的 15％～20％计算收费。

10.2 水利水电工程各阶段工作量比例及专业调整系数

表 10.2－1　**水利水电工程勘察各阶段工作量比例表**

设计阶段 ＼ 工程类型	水电、潮汐	水库	引调水、河道治理		水土保持
			建筑物	渠道管线	
初步设计（％）	60	68	68	73	73
招标设计（％）	10	4	4	3	3
施工图设计（％）	30	28	28	24	24

表 10.2－2　**水利水电工程勘察专业调整系数表**

序号	工程类别	专业调整系数
1	水电	1.40
2	水库	1.04
3	潮汐发电	1.70
4	水土保持	0.5～0.55
5	引调水和河道治理	0.8
6	灌区田间	0.3～0.4
7	城市防护、河口整治	0.84～0.92
8	围垦	0.76～0.88

10.3 水利水电工程勘察复杂程度划分

表 10.3-1　水利水电工程勘察复杂程度赋分表

序号	项目	赋分条件	分值	序号	项目	赋分条件	分值
1	坝高 H (m)	H<30	—5	6	地质构造	简单	—2
		30≤H<50	—2			中等	1
		50≤H<70	1			较复杂	2
		70≤H<150	3			复杂	3
		150≤H<250	5	7	坝基或厂基覆盖层厚度	<10m	—2
2	建筑物	一般土石坝	—1			10~20m	1
		常规重力坝	1			20~40m	2
		两种坝型或引水线路大于3km或抽水蓄能电站	2			40~60m	4
		拱坝、碾压混凝土坝、混凝土面板堆石坝、新坝型	3	8	水文地质	简单	—2
		大型地下洞室群	4			中等	1
3	岩石级别	V级以下	—2			较复杂	2
		Ⅵ级岩石	0			复杂	3
		Ⅶ级岩石	1	9	库岸稳定	可能不稳定体<10万 m^3	0
		Ⅷ、Ⅸ级岩石	2			可能不稳定体10万~100万 m^3	2
		Ⅹ级及以上	3			可能不稳定体10万~100万 m^3	3
4	地形地貌	简单	—2			可能不稳定体100万~500万 m^3	4
		中等	1	10	库区渗漏	无永久性渗漏	—1
		较复杂	2			断层或古河道渗漏	2
		复杂	3			单薄分水岭渗漏	3
5	地层岩性	均一	—2	11	水文勘测	简单	—1
		较均一	1			中等	1
		较复杂	2			复杂	3
		复杂	3				

表 10.3－2   水利水电工程勘察复杂程度表

项目	Ⅰ	Ⅱ	Ⅲ
水库、水电工程	赋分值之和≪－3	赋分值之和－3～10	赋分值之和≥10
引调水建筑物工程	丘陵、山区、沙漠地区建筑物投资之和占全部建筑物总投资≪30％	丘陵、山区、沙漠地区建筑物投资之和占建筑物总投资≪60％	丘陵、山区、沙漠地区建筑物投资之和占建筑物总投资＞60％
引调水渠道管线工程	丘陵、山区、沙漠地区渠道管线长度之和占总长度≪30％	丘陵、山区、沙漠地区渠道管线长度之和占总长度≪60％	丘陵、山区、沙漠地区渠道管线长度之和占总长度＞60％
河道治理建筑物及河道堤防工程	堤防等级Ⅴ级	堤防等级Ⅲ、Ⅳ级	堤防等级Ⅰ、Ⅱ级
其他		灌区田间工程水土保持工程	

表 10.3－3   水利水电工程勘察收费附加调整系数表

序号	项 目	工作内容	附加调整系数
1	坝址或坝线比较	一个或一条	0.7
2		三个或三条	1.3
3	引水线路比较	两条以上	1.2
4	岩溶地区	岩溶地区勘察	1.2
5	河床覆盖层厚度	＞60m	1.1
6	地震设防烈度	≥8度	1.1～1.2
7	高坝勘察	＞250m	1.1
8	深埋长隧洞	埋深＞1000m，长度＞8km	1.2
9	线路勘察	两条以上	1.05～1.50

10.4 水利水电工程勘察收费基价

表 10.4 - 1　　　**水利水电工程勘察收费基价表**

序号	计费额 （万元）	收费基价 （万元）	序号	计费额 （万元）	收费基价 （万元）
1	200	9	10	60,000	1,515.2
2	500	20.9	11	80,000	1,960.1
3	1,000	38.8	12	100,000	2,393.4
4	3,000	103.8	13	200,000	4,450.8
5	5,000	163.9	14	400,000	8,276.7
6	8,000	249.6	15	600,000	11,897.5
7	10,000	304.8	16	800,000	15,391.4
8	20,000	566.8	17	1,000,000	18,793.8
9	40,000	1,054.0	18	2,000,000	34,948.9

注　计费额＞2,000,000 万元的，以计费额乘以 1.7％的收费率计算收费基价。

工程设计收费标准（摘录）

1 总则

1.0.1 工程设计收费是指设计人根据发包人的委托，提供编制建设项目初步设计文件、施工图设计文件、非标准设备设计文件、施工图预算文件、竣工图文件等服务所收取的费用。

1.0.2 工程设计收费采取按照建设项目单项工程概算投资额分档定额计费方法计算收费。

　　铁道工程设计收费计算方法，在交通运输工程一章中规定。

1.0.3 工程设计收费按照下列公式计算

　　1 工程设计收费＝工程设计收费基准价×（1±浮动幅度值）

　　2 工程设计收费基准价＝基本设计收费＋其它设计收费

　　3 基本设计收费＝工程设计收费基价×专业调整系数×工程复杂程度调整系数×附加调整系数

1.0.4 工程设计收费基准价

　　工程设计收费基准价是按照本收费标准计算出的工程设计基准收费额，发包人和设计人根据实际情况，在规定的浮动幅度内协商确定工程设计收费合同额。

1.0.5 基本设计收费

　　基本设计收费是指在工程设计中提供编制初步设计文件、施工图设计文件收取的费用，并相应提供设计技术交底、解决施工中设计技术问题、参加试车考核和竣工验收等服务。

1.0.6 其它设计收费

　　其它设计收费是指根据工程设计实际需要或者发包人要求提供相关服务收取的费用，包括总体设计费、主体设计协调费、采用标准设计和复用设计费、非标准设备设计文件编制费、施工图预算编制费、竣工图编制费等。

1.0.7 工程设计收费基价

工程设计收费基价是完成基本服务的价格。工程设计收费基价在《工程设计收费基价表》（附表一）中查找确定，计费额处于两个数值区间的，采用直线内插法确定工程设计收费基价。

1.0.8 工程设计收费计费额

工程设计收费计费额，为经过批准的建设项目初步设计概算中的建筑安装工程费、设备与工器具购置费和联合试运转费之和。

工程中有利用原有设备的，以签订工程设计合同时同类设备的当期价格作为工程设计收费的计费额；工程中有缓配设备，但按照合同要求以既配设备进行工程设计并达到设备安装和工艺条件的，以既配设备的当期价格作为工程设计收费的计费额；工程中有引进设备的，按照购进设备的离岸价折换成人民币作为工程设计收费的计费额。

1.0.9 工程设计收费调整系数

工程设计收费标准的调整系数包括：专业调整系数、工程复杂调整系数和附加调整系数。

1 专业调整系数是对不同专业建设项目的工程设计复杂程度和工作量差异进行调整的系数。计算工程设计收费时，专业调整系数在《工程设计收费专业调整系数表》（附件二）中查找确定。

2 工程复杂调整系数是对同一专业不同建设项目的工程设计复杂程度和工作量差异进行调整的系数。工程复杂程度分为一般、较复杂和复杂三个等级，其调整系数分别为：一般（Ⅰ级）0.85；较复杂（Ⅱ级）1.0；复杂（Ⅲ级）1.15。计算工程设计收费时，工程复杂程度在相应章节的《工程复杂程度表》中查找确定。

3 附加调整系数是对专业调整系数和工程复杂程度调整系数尚不能调整的因素进行补充调整的系数。附加调整系数分别列于总则和有关章节中。附加调整系数为两个或两个以上的，附加调整系数不能连乘。将各附加调整系数相加，减去附加调整系数的个数，加上定值1，作为附加调整系数值。

1.0.10 非标准设备设计收费按照下列公式计算

非标准设备设计费＝非标准设备计费额×非标准设备设计费率

非标准设备计费额为非标准设备的初步设计概算。非标准设备设计费率在《非标准设备设计费率表》（附表三）中查找确定。

1.0.11 单独委托工艺设计、土建以及公用工程设计、初步设计、施工图设计的，按照其占基本服务设计工作量的比例计算工程设计收费。

1.0.12 改扩建和技术改造建设项目，附加调整系数为1.1～1.4。根据工程设计复杂程度确定适当的附加调整系数，计算工程设计收费。

1.0.13 初步设计之前，根据技术标准的规定或者发包人的要求，需要编制总体设计的，按照该建设项目基本设计收费的5％加收总体设计费。

1.0.14 建设项目工程设计由两个或者两个以上设计人承担的，其中对建设项目工程设计合理性和整体性负责的设计人，要按照该建设项目基本设计收费的5％加收主体设计协调费。

1.0.15 工程设计采用标准设计或者复用设计的，按照同类新建项目基本设计收费的30％计算收费；需要重新进行基础设计的，按照同类新建项目基本设计收费的40％计算收费；需要对原设计做局部修改的，由发包人和设计人根据设计工作量协商确定工程设计收费。

1.0.16 编制工程施工图预算的，按照该建设项目基本设计收费的10％收取施工图预算编制费；编制工程竣工图的，按照该建设项目基本设计收费的8％收取竣工图编制费。

1.0.17 工程设计中采用设计人自有专利或者专有技术的，其专利和专有技术收费由发包人与设计人协商确定。

1.0.18 工程设计中的引进技术需要境内设计人配合设计的，或者需要按照境外设计程序和技术质量要求由境内设计人进行设计的，工程设计收费由发包人与设计人根据实际发生的设计工作量，参照本标准协商确定。

1.0.19 由境外设计人提供设计文件，需要境内设计人按照国家标准规范审核并签署确认意见的，按照国际对等原则或者实际发生的工作量，协商确定审核确认费。

1.0.20 设计人提供设计文件的标准份数，初步设计、总体设计分别为 10 份，施工图设计、非标准设备设计、施工图预算、竣工图分别为 8 份。发包人要求增加设计文件份数的，由发包人另行支付印制设计文件工本费。工程设计中需要购买标准设计图的，由发包人支付购图费。

1.0.21 本收费标准不包本总则 1.0.1 以外的其他服务收费。其他服务收费，国家有收费规定的，按照规定执行；国家没有收费规定的，由发包人与设计人协商确定。

5 水利电力工程设计

5.1 水利电力工程范围

适用于水利、发电、送电、变电，核能工程。

5.2 水利电力工程各阶段工作量比例

表 5.2-1　　　水利电力工程各阶段工作量比例表

设计阶段 工程类型	初步设计（％）	招标设计（％）	施工图设计（％）
核能、送电、变电工程	40		60
火电工程	30		70
水库、水电、潮汐工程	25	20	55
风电工程	45		55

设计阶段 工程类型		初步设计 （%）	招标设计 （%）	施工图设计 （%）
引调水工程	建构筑物	25	20	55
	渠道管线	45	20	35
河道治理工程	建构筑物	25	20	55
	河道堤防	55	10	35
灌区田间工程		60		40
水土保持工程		70	10	20

5.3 水利电力工程复杂程度

5.3.1 电力、核能、水库工程

表 5.3－1　　　电力、核能、水库工程复杂程度表

等级	工程设计条件
Ⅰ级	1. 新建 4 台以上同容量凝汽式机组发电工程，燃气轮机发电工程； 2. 电压等级 110kV 及以下的送电、变电工程； 3. 设计复杂程度赋分值之和≤－20 的水库和水电工程
Ⅱ级	1. 新建或扩建 2～4 台单机容量 50MW 以上凝汽式机组及 50MW 及以下供热机组发电工程； 2. 电压等级 220kV、330kV 的送电、变电工程； 3. 设计复杂程度赋分值之和为－20～20 的水库和水电工程
Ⅲ级	1. 新建一台机组的发电工程，一次建设两种不同容量机组的发电工程，新建 2～4 台单机容量 50MW 以上供热机组发电工程，新能源发电工程（风电、潮汐等）； 2. 电压等级 500kV 送电、变电、换流站工程； 3. 核电工程、核反应堆工程； 4. 设计复杂程度赋分值之和≥20 的水库和水电工程

注　1. 水电工程可行性研究与初步设计阶段合并的，设计总工作量附加调整系数为 1.1；

　　2. 水库和水电工程计费额包括水库淹没区处理补偿费和施工辅助工程费。

5.3.2 其他水利工程

表 5.3-2   **其他水利工程复杂程度表**

等级	工程设计条件
Ⅰ级	1. 丘陵、山区、沙漠地区的建筑物投资之和与建设项目中所有建筑物投资之和的比例<30%的引调水建筑物工程； 2. 丘陵、山区、沙漠地区渠道管线长度之和与建设项目中所有渠道管线长度之和的比例<30%的引调水渠道管线工程； 3. 堤防等级Ⅴ级的河道治理建（构）筑物及河道堤防工程； 4. 灌区田间工程； 5. 水土保持工程
Ⅱ级	1. 丘陵、山区、沙漠地区的建筑物投资之和与建设项目中所有建筑物投资之和的比例在30%～60%的引调水建筑物工程； 2. 丘陵、山区、沙漠地区渠道管线长度之和与建设项目中所有渠道管线长度之和的比例在30%～60%的引调水渠道管线工程； 3. 堤防等级Ⅲ、Ⅳ级的河道治理建（构）筑物及河道堤防工程
Ⅲ级	1. 丘陵、山区、沙漠地区的建筑物投资之和与建设项目中所有建筑物投资之和的比例>60%的引调水建筑物工程； 2. 丘陵、山区、沙漠地区管线长度之和与建设项目中所有渠道管线长度之和的比例>60%的引调水渠道管线工程； 3. 堤防等级Ⅰ、Ⅱ级的河道治理建（构）筑物及河道堤防工程； 4. 护岸、防波堤、围堰、人工岛、围垦工程，城镇防洪、河口整治工程

注 引调水渠道或管线、河道堤防工程附加调整系数为 0.85；灌区田间工程附加调整系数为 0.25；水土保持工程附加调整系数为 0.7；河道治理及引调水工程建筑物、构筑物工程附加调整系数为 1.3。

5.4 水库和水电工程复杂程度赋分

表 5.4-1   **水库和水电工程复杂程度赋分表**

项目	工程设计条件	赋分值
枢纽布置方案比较	一个坝址或一条坝线方案	-10
	两个坝址或两条坝线方案	5
	三个坝址或三条坝线方案	10

项目	工程设计条件	赋分值
建筑物	有副坝	−1
	土石坝、常规重力坝	2
	有地下洞室	6
	两种坝型或两种厂型	7
	新坝型，拱坝、混凝土面板堆石坝、碾压混凝土坝	7
综合利用	防洪、发电、灌溉、供水、航运、减淤、养殖具备一项	−6
	防洪、发电、灌溉、供水、航运、减淤、养殖具备两项	1
	防洪、发电、灌溉、供水、航运、减淤、养殖具备三项	2
	防洪、发电、灌溉、供水、航运、减淤、养殖具备四项	4
	防洪、发电、灌溉、供水、航运、减淤、养殖具备五项及以上	6
环保	环保要求简单	−3
	环保要求一般	1
	环保有特殊要求	3
泥沙	少泥沙河流	−4
	多泥沙河流	5
冰凌	有冰凌问题	5
主坝坝高	坝高<30m	−4
	坝高 30～50m	1
	坝高 51～70m	2
	坝高 71～150m	4
	坝高>150m	6
地震设防	地震设防烈度≥7 度	4
基础处理	简单：地质条件好或不需进行地基处理	−4
	中等：按常规进行地基处理	1
	复杂：地质条件复杂，需进行特殊地基处理	4

项目	工程设计条件	赋分值
下泄流量	窄河谷坝高在 70m 以上、下泄流量 25000m^3/s 以上	4
地理位置	地处深山峡谷，交通困难、远离居民点、生活物资供应困难	3

附表一　　　　　**工程设计收费基价表**　　　　单位：万元

序号	计费额	收费基价	序号	计费额	收费基价
1	200	9.0	10	60,000	1,515.2
2	500	20.9	11	80,000	1,960.1
3	1,000	38.8	12	100,000	2,393.4
4	3,000	103.8	13	200,000	4,450.8
5	5,000	163.9	14	400,000	8,276.7
6	8,000	249.6	15	600,000	11,897.5
7	10,000	304.8	16	800,000	15,391.4
8	20,000	566.8	17	1,000,000	18,793.8
9	40,000	1,054.0	18	2,000,000	34,948.9

注　计费额＞2,000,000 万元的，以计费额乘以 1.6% 的收费率计算收费基价。

附表二　　　　　**工程设计收费专业调整系数表**

工程类型	专业调整系数
4. 水利电力工程	
风力发电、其他水利工程	0.8
火电工程	1.0
核电常规岛、水电、水库、送变电工程	1.2
核能工程	1.6

附录 7

国家发展改革委关于精简重大水利建设项目审批程序的通知

发改农经〔2015〕1860 号

各省、自治区、直辖市及计划单列市、新疆生产建设兵团发展改革委、水利（水务）厅（局），水利部各流域机构：

　　根据国务院关于推进简政放权放管结合职能转变工作有关要求，以及国务院发布的《关于取消非行政许可审批事项的决定》（国发〔2015〕27 号），为进一步规范审批、优化服务、提高效率，加快推进重大水利工程建设，经研究并商水利部，现将有关事项通知如下：

　　一、减少中央审批事项。除新建大型水库、大型引调水、大江大河（大湖）干流重点河段治理、重要蓄滞洪区建设，跨省（区、市）、需要全国统筹安排或者总量控制，以及按照投资管理有关规定应由我委审批或我委核报国务院审批的重大水利项目外，其他重大水利项目由地方审批并报我委核备。

　　二、简化项目审批环节。对按规定由我委审批或我委核报国务院审批的重大水利项目，凡在国务院或我委批准的水利发展建设规划中明确工程建设必要性和开发任务的，原则上不再审批项目建议书，直接审批可行性研究报告（代项目建议书）。

　　三、下放初步设计审批权限。对按规定由我委审批或我委核报国务院审批的地方重大水利项目，除库容大于 2 亿立方米或坝高大于 70 米的大型水库、大型引调水工程和涉及跨省（区、市）水事协调的工程由水利部审批初步设计外，其他项目初步设计原则上由地方负责审批，具体审批方式在可行性研究报告审批时确定。已出具技术审查意见且符合要求的项目，水利部或地方原则上要在20个工作日内完成初步设计审批工作。

四、进一步优化审批服务。按规定需我委审批的重大水利项目统一纳入我委政务服务大厅受理，发布办事指南，明确受理条件，在线运行，提高效率，限时办结。在前置文件齐全并且符合要求、我委正式受理后，项目审批办理时限原则上不超过20个工作日。同时，充分发挥我委牵头的重大水利项目审批部际协调机制的作用，坚持问题导向，强化指导服务，加强部门、地方纵横联动和会商沟通，及时帮助解决项目推进中的困难和问题，协同加快项目审核审批进度。

五、提高前期工作质量。按本通知要求我委不再审批项目建议书的项目，有关地方、部门和项目单位要认真按照有关技术规范和规划确定的项目开发任务、规模等深入做好项目论证，逐步加深前期工作，提高工作质量和效率，为项目科学决策创造条件。我委将会同有关部门，进一步统筹做好水利发展"十三五"规划等编制工作，适当加深相关专项规划深度，增强规划的科学性和可操作性，强化规划的指导和约束作用。

六、强化项目监管。建立地方、部门协调沟通机制，形成纵横联动的监管体系，通过加快建设投资项目在线审批监管平台、落实项目统一代码制度、项目前期工作情况告知、建立项目库、督查、抽查、第三方评估等措施，加强项目审批和建设全过程监管，提高监管效率和水平。对按规定由地方审批的项目，地方发展改革部门和有关行业主管部门要履行主体责任，按照"权力与责任同步下放"、"谁承接、谁监管"的要求，明确监管主体和措施，提升业务能力和管理水平，确保接得住、管得好，保障项目科学决策实施。

七、本通知自发布之日起实施。各地执行中的重大情况和问题，请及时反馈。

国家发展改革委
2015 年 8 月 17 日

附录 8

国家发展改革委关于第三监管周期省级电网输配电价及有关事项的通知

发改价格〔2023〕526 号

各省、自治区、直辖市发展改革委，国家电网有限公司、中国南方电网有限责任公司、内蒙古电力（集团）有限责任公司：

为进一步深化输配电价改革，更好保障电力安全稳定供应，推动电力行业高质量发展，现就第三监管周期省级电网输配电价及有关事项通知如下：

一、按照《国家发展改革委 国家能源局关于印发〈输配电定价成本监审办法〉的通知》（发改价格规〔2019〕897 号）、《国家发展改革委关于印发〈省级电网输配电价定价办法〉的通知》（发改价格规〔2020〕101 号）及有关规定，核定第三监管周期各省级电网输配电价，具体见附件。

二、用户用电价格逐步归并为居民生活、农业生产及工商业用电（除执行居民生活和农业生产用电价格以外的用电）三类；尚未实现工商业同价的地方，用户用电价格可分为居民生活、农业生产、大工业、一般工商业用电（除执行居民生活、农业生产和大工业用电价格以外的用电）四类。

三、执行工商业（或大工业、一般工商业）用电价格的用户（以下简称工商业用户），用电容量在 100 千伏安及以下的，执行单一制电价；100 千伏安至 315 千伏安之间的，可选择执行单一制或两部制电价；315 千伏安及以上的，执行两部制电价，现执行单一制电价的用户可选择执行单一制电价或两部制电价。选择执行需量电价计费方式的两部制用户，每月每千伏安用电量达到 260 千瓦时及以上的，当月需量电价按本通知核定标准 90％执行。每月每千伏安用电量为用户所属全部计量点当月总用电量除以合同变压器容量。

四、工商业用户用电价格由上网电价、上网环节线损费用、输配电价、系统运行费用、政府性基金及附加组成。

系统运行费用包括辅助服务费用、抽水蓄能容量电费等。

上网环节线损费用按实际购电上网电价和综合线损率计算。电力市场暂不支持用户直接采购线损电量的地方，继续由电网企业代理采购线损电量，代理采购损益按月向全体工商业用户分摊或分享。

五、居民生活、农业生产用电继续执行现行目录销售电价政策。

六、省级价格主管部门要精心组织、周密安排，确保输配电价平稳执行，做好与电网企业代理购电制度等的协同，密切监测输配电价执行情况，发现问题及时报告我委（价格司）。电网企业要按照相关要求，严格执行本通知核定的输配电价，统筹推进电网均衡发展；对各电压等级的资产、费用、收入、输配售电量、负荷、用户报装容量、线损率、投资计划完成进度等与输配电价相关的基础数据进行统计归集，每年 5 月底前报我委（价格司）和省级价格主管部门。

本通知自 2023 年 6 月 1 日起执行，现行政策相关规定与本通知不符的，以本通知规定为准。

附件：省级电网输配电价表（略）

国家发展改革委
2023 年 5 月 9 日

附录 9

艰苦边远地区类别和西藏自治区特殊津贴地区类别

艰苦边远地区类别

（一）新疆维吾尔自治区（108个）

一类区（1个）

乌鲁木齐市：米东区。

二类区（10个）

乌鲁木齐市：天山区、沙依巴克区、新市区、水磨沟区、头屯河区、达坂城区、乌鲁木齐县。

石河子市。

昌吉回族自治州：昌吉市、阜康市。

三类区（35个）

五家渠市。

阿拉尔市。

阿克苏地区：阿克苏市、温宿县、库车市、沙雅县。

吐鲁番市：高昌区、鄯善县。

哈密市：伊州区。

博尔塔拉蒙古自治州：博乐市、精河县、阿拉山口市。

克拉玛依市：克拉玛依区、独山子区、白碱滩区、乌尔禾区。

昌吉回族自治州：呼图壁县、玛纳斯县、奇台县、吉木萨尔县。

巴音郭楞蒙古自治州：库尔勒市、轮台县、博湖县、焉耆回族自治县。

伊犁哈萨克自治州：奎屯市、伊宁市、伊宁县。

塔城地区：乌苏市、沙湾市、塔城市。

胡杨河市。

新星市。

双河市。

铁门关市。

白杨市。

四类区（40个）

图木舒克市。

喀什地区：喀什市、疏附县、疏勒县、英吉沙县、泽普县、麦盖提县、岳普湖县、伽师县、巴楚县。

阿克苏地区：新和县、拜城县、阿瓦提县、乌什县、柯坪县。

吐鲁番市：托克逊县。

克孜勒苏柯尔克孜自治州：阿图什市。

博尔塔拉蒙古自治州：温泉县。

昌吉回族自治州：木垒哈萨克自治县。

巴音郭楞蒙古自治州：尉犁县、和硕县、和静县。

伊犁哈萨克自治州：霍城县、巩留县、新源县、察布查尔锡伯自治县、特克斯县、尼勒克县、霍尔果斯市。

塔城地区：额敏县、托里县、裕民县、和布克赛尔蒙古自治县。

阿勒泰地区：阿勒泰市、布尔津县、富蕴县、福海县、哈巴河县。

北屯市。

可克达拉市。

五类区（17 个）

喀什地区：莎车县。

和田地区：和田市、和田县、墨玉县、洛浦县、皮山县、策勒县、于田县、民丰县。

哈密市：伊吾县、巴里坤哈萨克自治县。

巴音郭楞蒙古自治州：若羌县、且末县。

伊犁哈萨克自治州：昭苏县。

阿勒泰地区：青河县、吉木乃县。

昆玉市。

六类区（5 个）

克孜勒苏柯尔克孜自治州：阿克陶县、阿合奇县、乌恰县。

喀什地区：塔什库尔干塔吉克自治县、叶城县。

(二) 宁夏回族自治区 (19 个)

一类区（11 个）

银川市：兴庆区、灵武市、永宁县、贺兰县。

石嘴山市：大武口区、惠农区、平罗县。

吴忠市：利通区、青铜峡市。

中卫市：沙坡头区、中宁县。

三类区（8 个）

吴忠市：盐池县、同心县。

固原市：原州区、西吉县、隆德县、泾源县、彭阳县。

中卫市：海原县。

(三) 青海省 (43 个)

二类区（6 个）

西宁市：城中区、城东区、城西区、城北区。

海东地区：乐都县、民和回族土族自治县。

三类区（8个）

西宁市：大通回族土族自治县、湟源县、湟中县。

海东地区：平安县、互助土族自治县、循化撒拉族自治县。

海南藏族自治州：贵德县。

黄南藏族自治州：尖扎县。

四类区（12个）

海东地区：化隆回族自治县。

海北藏族自治州：海晏县、祁连县、门源回族自治县。

海南藏族自治州：共和县、同德县、贵南县。

黄南藏族自治州：同仁县。

海西蒙古族藏族自治州：德令哈市、格尔木市、乌兰县、都兰县。

五类区（10个）

海北藏族自治州：刚察县。

海南藏族自治州：兴海县。

黄南藏族自治州：泽库县、河南蒙古族自治县。

果洛藏族自治州：玛沁县、班玛县、久治县。

玉树藏族自治州：玉树市、囊谦县。

海西蒙古族藏族自治州：天峻县。

六类区（7个）

果洛藏族自治州：甘德县、达日县、玛多县。

玉树藏族自治州：杂多县、称多县、治多县、曲麻莱县。

（四）甘肃省（83个）

一类区（14个）

兰州市：红古区。

白银市：白银区。

天水市：秦州区、麦积区。

庆阳市：西峰区、庆城县、合水县、正宁县、宁县。

平凉市：崆峒区、泾川县、灵台县、崇信县、华亭市。

二类区（40个）

兰州市：永登县、皋兰县、榆中县。

嘉峪关市。

金昌市：金川区、永昌县。

白银市：平川区、靖远县、会宁县、景泰县。

天水市：清水县、秦安县、甘谷县、武山县。

武威市：凉州区。

酒泉市：肃州区、玉门市、敦煌市。

张掖市：甘州区、临泽县、高台县、山丹县。

定西市：安定区、通渭县、临洮县、漳县、岷县、渭源县、陇西县。

陇南市：武都区、成县、宕昌县、康县、文县、西和县、礼县、两当县、徽县。

临夏回族自治州：临夏市、永靖县。

三类区（18个）

天水市：张家川回族自治县。

武威市：民勤县、古浪县。

酒泉市：金塔县、瓜州县。

张掖市：民乐县。

庆阳市：环县、华池县、镇原县。

平凉市：庄浪县、静宁县。

临夏回族自治州：临夏县、康乐县、广河县、和政县。

甘南藏族自治州：临潭县、舟曲县、迭部县。

四类区（9个）

武威市：天祝藏族自治县。

酒泉市：肃北蒙古族自治县、阿克塞哈萨克族自治县。

张掖市：肃南裕固族自治县。

临夏回族自治州：东乡族自治县、积石山保安族东乡族撒拉族自治县。

甘南藏族自治州：合作市、卓尼县、夏河县。

五类区（2个）

甘南藏族自治州：玛曲县、碌曲县。

（五）陕西省（48个）

一类区（45个）

延安市：延长县、延川县、子长县、安塞县、志丹县、吴起县、甘泉县、富县、宜川县。

铜川市：宜君县。

渭南市：白水县。

咸阳市：永寿县、彬县、长武县、旬邑县、淳化县。

宝鸡市：陇县、太白县。

汉中市：宁强县、略阳县、镇巴县、留坝县、佛坪县。

榆林市：榆阳区、神木市、府谷县、横山县、靖边县、绥德县、吴堡县、清涧县、子洲县。

安康市：汉阴县、石泉县、宁陕县、紫阳县、岚皋县、平利县、镇坪县、白河县。

商洛市：商州区、商南县、山阳县、镇安县、柞水县。

二类区（3个）

榆林市：定边县、米脂县、佳县。

（六）云南省（120个）

一类区（36个）

昆明市：东川区、晋宁区、富民县、宜良县、嵩明县、石林彝族自治县。

曲靖市：麒麟区、宣威市、沾益区、陆良县。

玉溪市：江川区、澄江市、通海县、华宁县、易门县。

保山市：隆阳区、昌宁县。

昭通市：水富市。

普洱市：思茅区、宁洱哈尼族彝族自治县、景谷彝族傣族自治县。

临沧市：临翔区、云县。

大理白族自治州：永平县。

楚雄彝族自治州：楚雄市、南华县、姚安县、永仁县、元谋县、武定县、禄丰县。

红河哈尼族彝族自治州：蒙自市、开远市、建水县、弥勒市。

文山壮族苗族自治州：文山县。

二类区（59个）

昆明市：禄劝彝族苗族自治县、寻甸回族自治县。

曲靖市：马龙县、罗平县、师宗县、会泽县。

玉溪市：峨山彝族自治县、新平彝族傣族自治县、元江哈尼族彝族傣族自治县。

保山市：施甸县、腾冲市、龙陵县。

昭通市：昭阳区、绥江县、威信县。

丽江市：古城区、永胜县、华坪县。

普洱市：墨江哈尼族自治县、景东彝族自治县、镇沅彝族哈尼族拉祜族自治县、江城哈尼族彝族自治县、澜沧拉祜族自治县。

临沧市：凤庆县、永德县。

德宏傣族景颇族自治州：芒市、瑞丽市、梁河县、盈江县、陇川县。

大理白族自治州：祥云县、宾川县、弥渡县、云龙县、洱源县、剑川县、鹤庆县、漾濞彝族自治县、南涧彝族自治县、巍山彝族回族自治县。

楚雄彝族自治州：双柏县、牟定县、大姚县。

红河哈尼族彝族自治州：绿春县、石屏县、泸西县、金平苗族瑶族傣族自治县、河口瑶族自治县、屏边苗族自治县。

文山壮族苗族自治州：砚山县、西畴县、麻栗坡县、马关县、丘北县、广南县、富宁县。

西双版纳傣族自治州：景洪市、勐海县、勐腊县。

三类区（20个）

曲靖市：富源县。

昭通市：鲁甸县、盐津县、大关县、永善县、镇雄县、彝良县。

丽江市：玉龙纳西族自治县、宁蒗彝族自治县。

普洱市：孟连傣族拉祜族佤族自治县、西盟佤族自治县。

临沧市：镇康县、双江拉祜族佤族布朗族傣族自治县、耿马傣族佤族自治县、沧源佤族自治县。

怒江傈僳族自治州：泸水市、福贡县、兰坪白族普米族自治县。

红河哈尼族彝族自治州：元阳县、红河县。

四类区（3个）

昭通市：巧家县。

怒江傈僳族自治州：贡山独龙族怒族自治县。

迪庆藏族自治州：维西傈僳族自治县。

五类区（1个）

迪庆藏族自治州：香格里拉市。

六类区（1个）

迪庆藏族自治州：德钦县。

（七）贵州省（77个）

一类区（34个）

贵阳市：清镇市、开阳县、修文县、息烽县。

六盘水市：六枝特区。

遵义市：赤水市、播州区、绥阳县、凤冈县、湄潭县、余庆县、习水县。

安顺市：西秀区、平坝区、普定县。

毕节市：金沙县。

铜仁市：江口县、石阡县、思南县、松桃苗族自治县。

黔东南苗族侗族自治州：凯里市、黄平县、施秉县、三穗县、镇远县、岑巩县、锦屏县、麻江县。

黔南布依族苗族自治州：都匀市、贵定县、瓮安县、独山县、龙里县。

黔西南布依族苗族自治州：兴义市。

二类区（36个）

六盘水市：钟山区、盘州市。

遵义市：仁怀市、桐梓县、正安县、道真仡佬族苗族自治县、务川仡佬族苗族自治县。

安顺市：关岭布依族苗族自治县、镇宁布依族苗族自治县、紫云苗族布依族自治县。

毕节市：七星关区、大方县、黔西区。

铜仁市：德江县、印江土家族苗族自治县、沿河土家族自治县、万山特区。

黔东南苗族侗族自治州：天柱县、剑河县、台江县、黎平县、榕江县、从江县、雷山县、丹寨县。

黔南布依族苗族自治州：荔波县、平塘县、罗甸县、长顺县、惠水县、三都水族自治县。

黔西南布依族苗族自治州：兴仁县、贞丰县、望谟县、册亨县、安龙县。

三类区（7个）

六盘水市：水城区。

毕节市：织金县、纳雍县、赫章县、威宁彝族回族苗族自治县。

黔西南布依族苗族自治州：普安县、晴隆县。

（八）四川省（77个）

一类区（24个）

广元市：朝天区、旺苍县、青川县。

泸州市：叙永县、古蔺县。

宜宾市：筠连县、珙县、兴文县、屏山县。

攀枝花市：东区、西区、仁和区、米易县。

巴中市：通江县、南江县。

达州市：万源市、宣汉县。

雅安市：荥经县、石棉县、天全县。

凉山彝族自治州：西昌市、德昌县、会理县、会东县。

二类区（13个）

绵阳市：北川羌族自治县、平武县。

雅安市：汉源县、芦山县、宝兴县。

阿坝藏族羌族自治州：汶川县、理县、茂县。

凉山彝族自治州：宁南县、普格县、喜德县、冕宁县、越西县。

三类区（9个）

乐山市：金口河区、峨边彝族自治县、马边彝族自治县。

攀枝花市：盐边县。

阿坝藏族羌族自治州：九寨沟县。

甘孜藏族自治州：泸定县。

凉山彝族自治州：盐源县、甘洛县、雷波县。

四类区（20个）

阿坝藏族羌族自治州：马尔康市、松潘县、金川县、小金县、黑水县。

甘孜藏族自治州：康定县、丹巴县、九龙县、道孚县、炉霍县、新龙县、德格县、白玉县、巴塘县、乡城县。

凉山彝族自治州：布拖县、金阳县、昭觉县、美姑县、木里藏族自治县。

五类区（8个）

阿坝藏族羌族自治州：壤塘县、阿坝县、若尔盖县、红原县。

甘孜藏族自治州：雅江县、甘孜县、稻城县、得荣县。

六类区（3个）

甘孜藏族自治州：石渠县、色达县、理塘县。

（九）重庆市（11个）

一类区（4个）

黔江区、武隆区、巫山县、云阳县。

二类区（7个）

城口县、巫溪县、奉节县、石柱土家族自治县、彭水苗族土家族自治县、酉阳土家族苗族自治县、秀山土家族苗族自治县。

（十）海南省（7个）

一类区（7个）

五指山市、昌江黎族自治县、白沙黎族自治县、琼中黎族苗族自治县、陵水黎族自治县、保亭黎族苗族自治县、乐东黎族自治县。

（十一）广西壮族自治区（58个）

一类区（36个）

南宁市：横州市、上林县、隆安县、马山县。

桂林市：全州县、灌阳县、资源县、平乐县、恭城瑶族自治县。

柳州市：柳城县、鹿寨县、融安县。

梧州市：蒙山县。

防城港市：上思县。

崇左市：江州区、扶绥县、天等县。

百色市：右江区、田阳区、田东县、平果市、德保县、田林县。

河池市：金城江区、宜州区、南丹县、天峨县、罗城仫佬族自治县、环江毛南族自治县。

来宾市：兴宾区、象州县、武宣县、忻城县。

贺州市：昭平县、钟山县、富川瑶族自治县。

二类区（22个）

桂林市：龙胜各族自治县。

柳州市：三江侗族自治县、融水苗族自治县。

防城港市：港口区、防城区、东兴市。

崇左市：凭祥市、大新县、宁明县、龙州县。

百色市：靖西县、那坡县、凌云县、乐业县、西林县、隆林各族自治县。

河池市：凤山县、东兰县、巴马瑶族自治县、都安瑶族自治县、大化瑶族自治县。

来宾市：金秀瑶族自治县。

（十二）湖南省（14个）

一类区（6个）

张家界市：桑植县。

永州市：江华瑶族自治县。

邵阳市：城步苗族自治县。

怀化市：麻阳苗族自治县、新晃侗族自治县、通道侗族自治县。

二类区（8个）

湘西土家族苗族自治州：吉首市、泸溪县、凤凰县、花垣县、保靖县、古丈县、永顺县、龙山县。

（十三）湖北省（18个）

一类区（10个）

十堰市：郧县、竹山县、房县、郧西县、竹溪县。

宜昌市：兴山县、秭归县、长阳土家族自治县、五峰土家族自治县。

神农架林区。

二类区（8个）

恩施土家族苗族自治州：恩施市、利川市、建始县、巴东县、宣恩县、咸丰县、来凤县、鹤峰县。

（十四）黑龙江省（98个）

一类区（32个）

哈尔滨市：尚志市、五常市、依兰县、方正县、宾县、巴彦县、木兰县、通河县、延寿县。

齐齐哈尔市：龙江县、依安县、富裕县。

大庆市：肇州县、肇源县、林甸县。

伊春市：铁力市。

佳木斯市：富锦市、桦南县、桦川县、汤原县。

双鸭山市：友谊县。

七台河市：勃利县。

牡丹江市：海林市、宁安市、林口县。

绥化市：北林区、安达市、海伦市、望奎县、青冈县、庆安县、绥棱县。

二类区（60个）

齐齐哈尔市：建华区、龙沙区、铁锋区、昂昂溪区、富拉尔基区、碾子山区、梅里斯达斡尔族区、讷河市、甘南县、克山县、克东县、拜泉县。

黑河市：爱辉区、北安市、五大连池市、嫩江市。

大庆市：杜尔伯特蒙古族自治县。

伊春市：伊美区、友好区、金林区、乌翠区、丰林县、南岔县、汤旺县、大箐山县、嘉荫县。

鹤岗市：兴山区、向阳区、工农区、南山区、兴安区、东山区、萝北县、绥滨县。

佳木斯市：同江市、抚远市。

双鸭山市：尖山区、岭东区、四方台区、宝山区、集贤县、宝清县、饶河县。

七台河市：桃山区、新兴区、茄子河区。

鸡西市：鸡冠区、恒山区、滴道区、梨树区、城子河区、麻山区、虎林市、密山市、鸡东县。

牡丹江市：穆棱市、绥芬河市、东宁市。

绥化市：兰西县、明水县。

三类区（6个）

黑河市：逊克县、孙吴县。

大兴安岭地区：呼玛县、塔河县、漠河市、加格达奇区。

（十五）吉林省（25个）

一类区（14个）

长春市：榆树市。

白城市：大安市、镇赉县、通榆县。

松原市：长岭县、乾安县。

吉林市：舒兰市。

四平市：伊通满族自治县。

辽源市：东辽县。

通化市：集安市、柳河县。

白山市：浑江区、临江市、江源区。

二类区（11 个）

白山市：抚松县、靖宇县、长白朝鲜族自治县。

延边朝鲜族自治州：延吉市、图们市、敦化市、珲春市、龙井市、和龙市、汪清县、安图县。

（十六）辽宁省（14 个）

一类区（14 个）

沈阳市：康平县。

朝阳市：北票市、凌源市、朝阳县、建平县、喀喇沁左翼蒙古族自治县。

阜新市：彰武县、阜新蒙古族自治县。

铁岭市：西丰县、昌图县。

抚顺市：新宾满族自治县。

丹东市：宽甸满族自治县。

锦州市：义县。

葫芦岛市：建昌县。

（十七）内蒙古自治区（95 个）

一类区（23 个）

呼和浩特市：赛罕区、托克托县、土默特左旗。

包头市：石拐区、九原区、土默特右旗。

赤峰市：红山区、元宝山区、松山区、宁城县、巴林右旗、敖汉旗。

通辽市：科尔沁区、开鲁县、科尔沁左翼后旗。

鄂尔多斯市：东胜区、达拉特旗。

乌兰察布市：集宁区、丰镇市。

巴彦淖尔市：临河区、五原县、磴口县。

兴安盟：乌兰浩特市。

二类区（39个）

呼和浩特市：武川县、和林格尔县、清水河县。

包头市：白云矿区、固阳县。

乌海市：海勃湾区、海南区、乌达区。

赤峰市：林西县、阿鲁科尔沁旗、巴林左旗、克什克腾旗、翁牛特旗、喀喇沁旗。

通辽市：库伦旗、奈曼旗、扎鲁特旗、科尔沁左翼中旗。

呼伦贝尔市：海拉尔区、满洲里市、扎兰屯市、阿荣旗。

鄂尔多斯市：准格尔旗、鄂托克旗、杭锦旗、乌审旗、伊金霍洛旗。

乌兰察布市：卓资县、兴和县、凉城县、察哈尔右翼前旗。

巴彦淖尔市：乌拉特前旗、杭锦后旗。

兴安盟：突泉县、科尔沁右翼前旗、科尔沁右翼中旗、扎赉特旗。

锡林郭勒盟：锡林浩特市、二连浩特市。

三类区（24个）

包头市：达尔罕茂明安联合旗。

通辽市：霍林郭勒市。

呼伦贝尔市：牙克石市、额尔古纳市、新巴尔虎右旗、新巴尔虎左旗、陈巴尔虎旗、鄂伦春自治旗、鄂温克族自治旗、莫力达瓦达斡尔族自治旗。

鄂尔多斯市：鄂托克前旗。

乌兰察布市：化德县、商都县、察哈尔右翼中旗、察哈尔右翼后旗。

巴彦淖尔市：乌拉特中旗。

兴安盟：阿尔山市。

锡林郭勒盟：多伦县、东乌珠穆沁旗、西乌珠穆沁旗、太仆寺旗、镶黄旗、正镶白旗、正蓝旗。

四类区（9个）

呼伦贝尔市：根河市。

乌兰察布市：四子王旗。

巴彦淖尔市：乌拉特后旗。

锡林郭勒盟：阿巴嘎旗、苏尼特左旗、苏尼特右旗。

阿拉善盟：阿拉善左旗、阿拉善右旗、额济纳旗。

（十八）山西省（44个）

一类区（41个）

太原市：娄烦县。

大同市：阳高县、灵丘县、浑源县、大同县。

朔州市：平鲁区。

长治市：平顺县、壶关县、武乡县、沁县。

晋城市：陵川县。

忻州市：五台县、代县、繁峙县、宁武县、静乐县、神池县、五寨县、岢岚县、河曲县、保德县、偏关县。

晋中市：榆社县、左权县、和顺县。

临汾市：古县、安泽县、浮山县、吉县、大宁县、永和县、隰县、汾西县。

吕梁市：中阳县、兴县、临县、方山县、柳林县、岚县、交口县、石楼县。

二类区（3个）

大同市：天镇县、广灵县。

朔州市：右玉县。

（十九）河北省（28个）

一类区（21个）

石家庄市：灵寿县、赞皇县、平山县。

张家口市：宣化区、蔚县、阳原县、怀安县、万全区、怀来县、涿鹿县、赤城县。

承德市：承德县、兴隆县、平泉市、滦平县、隆化县、宽城满族自治县。

秦皇岛市：青龙满族自治县。

保定市：涞源县、涞水县、阜平县。

二类区（4个）

张家口市：张北县、崇礼区。

承德市：丰宁满族自治县、围场满族蒙古族自治县。

三类区（3个）

张家口市：康保县、沽源县、尚义县。

西藏自治区特殊津贴地区类别

拉萨市

二类区

拉萨市城关区及所属办事处，达孜区，尼木县县驻地、尚日区、吞区、尼木区，曲水县，墨竹工卡县（不含门巴区和直孔区），堆龙德庆区。

三类区

林周县，尼木县安岗区、帕古区、麻江区，当雄县（不含纳木措区），墨竹工卡县门巴区、直孔区。

四类区

当雄县纳木措区。

昌都市

二类区

卡若区（原昌都县，不含妥坝区、拉多区、面达区），芒康县（不含戈波区），贡觉县县驻地、波洛区、香具区、哈加区，八宿县（不含邦达区、同卡区、夏雅区），左贡县（不含川妥区、美玉区），边坝县（不含恩来格区），洛隆县（不含腊久区），江达县（不含德登区、青泥洞区、字嘎区、邓柯区、生达区），类乌齐县县驻地、桑多区、尚卡区、甲桑卡区、丁青县（不含嘎塔区），察雅县（不含括热区、宗沙区）。

三类区

卡若区（原昌都县，含妥坝区、拉多区、面达区），芒康县戈波区，贡觉县则巴区、拉妥区、木协区、罗麦区、雄松区，八宿县邦达区、同卡区、夏雅区，左贡县田妥区、美玉区，边坝县恩来格区，洛隆县腊久区，江达县德登区、青泥洞区、字嘎区、邓柯区、生达区，类乌齐县长毛岭区、卡玛多（巴夏）区、类乌齐区，察雅县括热区、宗沙区。

四类区

丁青县嘎塔区。

山南市

二类区

乃东区，琼结县（不含加麻区），措美县当巴区、乃西区，加查县，贡嘎县（不含东拉区），洛扎县（不含色区和蒙达区），曲松县（不含贡康沙区、邛多江区），桑日县（不含真纠区），扎囊县，错那市勒布区、觉拉区，隆子县县驻地、加玉区、三安曲林区、新巴区，浪卡子县卡拉区。

三类区

琼结县加麻区，措美县县驻地、当许区，洛扎县色区、蒙达区，曲松县贡康沙区、邛多江区，桑日县真纠区，错那市驻地、洞嘎区、错那区，隆子县甘当区、扎日区、俗坡下区、雪萨区，浪卡子县（不含卡拉区、张达区、林区）。

四类区

措美县哲古区，贡嘎县东拉区，隆子县雪萨乡，浪卡子县张达区、林区。

日喀则市

二类区

日喀则市，萨迦县孜松区、吉定区，江孜县卡麦区、重孜区，拉孜县拉孜区、扎西岗区、彭错林区，定日县卡选区、绒辖区，聂拉木县县驻地，吉隆县吉隆区，亚东县县驻地、下司马镇、下亚东区、上亚东区，谢通门县县驻地、恰嘎区，仁布县县驻地、仁布区、德吉林区，白朗县（不含汪丹区），南木林县多角区、艾玛岗区、土布加区，樟木口岸。

三类区

定结县县驻地、陈塘区、萨尔区、定结区、金龙区，萨迦县（不含孜松区、吉定区），江孜县（不含卡麦区、重孜区），拉孜县县驻地、曲下区、温泉区、柳区，定日县（不含卡达区、绒辖区），康马县，聂拉木县（不含县驻地），吉隆县（不含吉隆区），亚东县帕里镇、堆纳区，谢通门县塔玛区、查拉区、德来区，昂仁县（不含桑桑区、查孜区、措麦区），萨嘎县旦嘎区，仁布县帕当区、然巴区、亚德区，白朗县汪丹区，南木林县（不含多角区、艾玛岗区、土布加区）。

四类区

定结县德吉（日屋区），谢通门县春哲（龙桑）区、南木切区，昂仁县桑桑区、查孜区、措麦区，岗巴县，仲巴县，萨嘎县（不含旦嘎区）。

林芝市

二类区

巴宜区，朗县，米林市，察隅县，波密县，工布江达县（不含加兴区、金达乡）。

三类区

墨脱县，工布江达县加兴区、金达乡。

那曲市

三类区

嘉黎县尼屋区，巴青县县驻地、高口区、益塔区、雅安多区，比如县（不含下秋卡区、恰则区），索县。

四类区

那曲县，嘉黎县（不含尼屋区），申扎县，巴青县江绵区、仓来区、巴青区、本索区，聂荣县，尼玛县，比如县下秋卡区、恰则区，班戈县，安多县。

阿里地区

四类区

噶尔县，措勤县，普兰县，革吉县，日土县，札达县，改则县。